油田采出水余热利用技术优化研究及应用

朱铁军　编著

中国石油大学出版社
CHINA UNIVERSITY OF PETROLEUM PRESS

山东·青岛

图书在版编目(CIP)数据

油田采出水余热利用技术优化研究及应用 / 朱铁军
编著. --青岛 : 中国石油大学出版社，2021.5
　　ISBN 978-7-5636-7080-2

　　Ⅰ．①油… Ⅱ．①朱… Ⅲ．①石油开采一水处理一余
热利用一研究 Ⅳ．①TE35

　　中国版本图书馆 CIP 数据核字（2021）第 087542 号

书　　　名：油田采出水余热利用技术优化研究及应用
　　　　　　 YOUTIAN CAICHUSHUI YURE LIYONG JISHU YOUHUA YANJIU JI YINGYONG
编　　　著：朱铁军
责任编辑：高　颖（电话　0532-86983568）
封面设计：赵志勇
出　版　者：中国石油大学出版社
　　　　　　（地址：山东省青岛市黄岛区长江西路 66 号　邮编：266580）
网　　　址：http://cbs.upc.edu.cn
电子邮箱：shiyoujiaoyu@126.com
排　版　者：我世界(北京)文化有限责任公司
印　刷　者：北京虎彩文化传播有限公司
发　行　者：中国石油大学出版社（电话　0532-86981531,86983437）
开　　　本：710 mm×1 000 mm　1/16
印　　　张：6
字　　　数：111 千字
版　印　次：2021 年 5 月第 1 版　2021 年 5 月第 1 次印刷
书　　　号：ISBN 978-7-5636-7080-2
定　　　价：35.00 元

Preface 前 言

我国能源发展的首要任务是解决能源转型的问题。如何改变以化石能源为主的能源结构,加快可再生能源开发利用;如何大幅度提高能源综合效率,实现能源系统安全高效的目标,是摆在我们面前的重大课题。能源利用不仅存在数量的不同,还有品位高低的差异。在满足使用要求的前提下,应尽可能利用低品位能源,如浅层地热、工业余热等,这是提高能源综合效率的重要方式之一。这些能源不仅价格便宜、数量巨大且绿色环保,通过热泵技术、换热技术优化提升后,能够为生产和生活提供稳定、绿色的能源输出。

油田工业余热作为一项重要的可再生能源已经得到了企业的认可和大力支持。仅中国石化胜利油田已推广应用的余热利用项目就有 18 项,年节约标煤 3.8×10^4 t,为企业节能减排、绿色低碳工作做出了重要贡献。但有些余热利用项目在运行过程中也存在问题。因此,合理的设计、规范的施工、科学的运行是余热技术成功应用的必要条件。本书作者基于多年的研究经验,通过搜集各方面资料,对余热的主要资源、热泵技术原理、模拟优化进行介绍,特别针对联合站余热利用中的设计调优进行了分析和阐述。本书试图用浅显的语言较全面地介绍油田采出水余热利用技术优化方法研究与应用,以指导油田余热利用研究开发和工程实践。希望本书能为相关技术人员提供参考,为非专业人员提供一些借鉴和帮助。

本书共分为 5 章。第 1 章介绍余热换热基础知识,主要内容包括余热资源概述、工程热力学、换热器应用、热泵技术的基本概念及应用场景;第 2 章介绍采出水余热利用热力模拟的技术原理,给出吸收式、压缩式热泵的物理模型和热力计算方式;第 3 章介绍联合站采出水余热利用方案比选,利用夹点分析对热泵换热温差进行调优;第 4 章介绍不同热泵供热系统运行参数优化;第 5 章以油田某联合站余热利用为实例,介绍余热利用的技术方案和项目运行情况。

　　本书由朱铁军编著,李凤名、徐彬彬、刘宏亮、宋昊、王东等参与了本书部分章节的撰写工作,同时本书参考借鉴了一些相关文献,在此向各位参与撰写工作的人员和相关文献的作者表示深深的谢意。

　　由于作者水平所限,书中难免存在疏漏和不足之处,欢迎读者批评指正。

作　者
2021 年 1 月

Contents 目　录

第 1 章　余热换热基础知识 ··· 1

1.1　余热资源概述 ·· 1

1.1.1　余热资源的概念 ·· 1

1.1.2　余热资源的分类 ·· 2

1.1.3　余热回收利用的原则 ·· 4

1.1.4　油田采出水余热的特点 ·· 5

1.2　余热利用与工程热力学 ·· 5

1.2.1　余热利用和热力学第一定律 ··· 5

1.2.2　余热利用和热力学第二定律 ··· 6

1.2.3　余热利用的传热学基础 ·· 7

1.3　换热器应用 ·· 10

1.3.1　换热器的概念 ··· 10

1.3.2　各种换热器的构成及原理 ··· 10

1.3.3　油田采出水余热利用中换热器的选型原则 ······························· 11

1.4　热泵技术及其应用 ··· 12

1.4.1　热泵的概念及技术特点 ·· 12

1.4.2　各种热泵的构成及原理 ·· 12

1.4.3　油田采出水余热利用中热泵技术优选原则 ······························· 15

第 2 章　采出水余热利用系统热力模拟与分析 ······················ 17

2.1　第一类吸收式热泵热力计算 ······································ 17

2.1.1　物理模型 ··· 17

2.1.2　换热设备的热负荷 ·· 17

2.2　第二类吸收式热泵热力计算 ……………………………… 22
　2.2.1　物理模型 …………………………………………… 22
　2.2.2　数学模型 …………………………………………… 23
　2.2.3　计算示例与分析 …………………………………… 24
　2.2.4　温度对第二类吸收式热泵性能系数影响程度分析 …… 27
2.3　高温压缩式热泵热力计算 …………………………………… 28
　2.3.1　物理模型 …………………………………………… 28
　2.3.2　高温压缩式热泵热力计算 …………………………… 28

第3章　采出水余热回收系统不同层面夹点分析 ………………… 34
3.1　联合站采出水余热利用方案比选 …………………………… 34
　3.1.1　联合站加热换热环节夹点分析 ……………………… 34
　3.1.2　改造方案 …………………………………………… 40
3.2　吸收式热泵换热温差优化分析 ……………………………… 43
　3.2.1　第一类吸收式热泵夹点分析优化 …………………… 43
　3.2.2　采出水余热驱动第二类吸收式热泵夹点分析优化 …… 48
　3.2.3　换热温差对采出水余热驱动热泵夹点温度的影响分析 …… 52

第4章　热泵供热系统运行参数优化 ……………………………… 57
4.1　高温压缩式热泵采出水余热利用系统优化 ………………… 57
　4.1.1　压缩式热泵工质循环方式优选 ……………………… 57
　4.1.2　压缩式热泵加热系统优化模型及优化方法 ………… 57
　4.1.3　参数优化结果及分析 ………………………………… 59
4.2　吸收式热泵加热系统参数优化 ……………………………… 61
　4.2.1　AHP系统优化模型的建立 ………………………… 61
　4.2.2　运行参数优化分析 …………………………………… 66
4.3　低温余热驱动吸收式热泵工艺优化 ………………………… 71
　4.3.1　新型吸收式热泵系统 ………………………………… 72
　4.3.2　吸收式热泵机组优化计算结果 ……………………… 73
　4.3.3　新型热泵机组性能影响因素分析 …………………… 74

第5章　油田某联合站余热利用实例 ……………………………… 79
5.1　技术方案 ……………………………………………………… 79
　5.1.1　联合站工艺流程 …………………………………… 79

5.1.2　联合站用热需求 ·················· 79

5.1.3　联合站资源情况 ·················· 79

5.1.4　平面布局 ························· 80

5.1.5　余热利用工艺流程 ················ 80

5.1.6　光伏发电工艺流程 ················ 80

5.1.7　总体工艺流程 ···················· 81

5.1.8　设备选型 ························· 82

5.2　项目运行情况 ························· 83

5.2.1　余热利用效益 ···················· 84

5.2.2　社会效益 ························· 85

参考文献 ······························· 86

第1章 余热换热基础知识

1.1 余热资源概述

1.1.1 余热资源的概念

余热,有时也称为废热、排热(waste heat),是指从能量利用系统或设备中排出的热量,包括排出的热载体中所释放的高于环境温度的热量和可燃性废弃物中含有的低发热值的热能。排放余热的载热体可以是气体、液体或固体。余热分布在多种能源消耗系统和设备中,例如:

(1) 锅炉排出的烟气及炉渣中未完全燃烧的固体颗粒所包含的余热;

(2) 以潜热形式存在于汽轮机排汽中的余热;

(3) 冶金工业中的高炉热风炉排气、炼焦炉排气,转炉和电炉等炼钢炉的排气以及各种炉渣中所包含的余热;

(4) 石化工业中炭黑尾气等可燃性废气所含有的余热;

(5) 各种高温固态、液态产品(包括中间产品)所包含的余热;

(6) 汽车发动机、各种内燃机做完功后所排出的余热等。

系统的余热资源量是以环境温度为下限进行计算的,其原因在于:余热的载热体(气体、液体或固体)最后都要排向环境,排出余热的最后温度是环境温度,也就是说,环境和环境温度是所有载热体和余热资源的最后归宿。因此,选取环境温度作为计算余热资源的下限温度是合理的。例如,某锅炉的排烟温度为 220 ℃,当地的环境温度为 20 ℃,则其余热资源对应的温差为 220~20 ℃。

虽然余热资源量是以环境温度为下限温度来定义和计算的,但在工程实践中以环境温度为下限温度的余热是不能被完全回收和利用的,只能回收高于环境温度的某一部分余热,此部分余热称为可利用余热。可利用余热是指被考察体系排出的余热资源中,经技术、经济分析(技术上可行、经济上合理)所确定的可利用的那部分余热,其数量仅为余热资源量的一部分。由于技术条件、经济性及现场利用条件等的限制,余热回收的下限温度是变化的,可利用的余热数量也会有所不同。随着技术的进步,下限温度将逐渐下降,回收热量会逐步提高。例如,对于锅炉的排烟余热,若排烟温度为 220 ℃,考虑到露点腐蚀的影响,将余热回收的下限温度定为 150 ℃,则其可利用余热对应的温度范围为 220~150 ℃。若由于技术进步,采用了抗腐蚀的材料或合理的设计,使余热回收的下限温度下降至 120 ℃,则会使可利用余热大大增加,对应的温度范围为220~120 ℃。

当废弃物为带有一定发热值的固体或气体可燃物时,其低位发热值的总量即可认为是余热资源量,同时因为其发热值的定义和测试都是以环境温度为基础进行的,所以其包含的余热资源在应用后最终都会回归到环境和环境温度。

1.1.2　余热资源的分类

由于工业设备和系统千差万别,余热资源的数量、质量和形态各不相同,所以要对余热资源进行全面分类是很困难的。下面给出了三种余热资源的划分方案。

1.1.2.1　按余热载体的物理特性划分

(1)固态载热体余热资源。这是存在于固态载热体中的余热资源,包括各种固态产品和其中间产品的余热资源、排渣的余热资源和可燃性废料中的余热资源。例如,钢铁工业中炽热的焦炭、烧结矿、炉渣、连铸坯等固态物料所携带的余热,石油工业排放的油渣,各种炉窑排放的含灰量高的炉渣余热等都属于这类余热资源。这类余热资源一般含灰量大,对环境污染严重,在余热回收的同时必须考虑对环境的保护。此外,由于固态载热体流动性差、散热慢,所以需采用特殊的余热回收技术和设备。

(2)液态载热体余热资源。这是一种以液态形式存在的余热资源,包括液态产品及其中间产品的余热资源、冷凝水和冷却水的余热资源,以及可燃性废液包含的余热资源。在余热回收中要考虑这种载热体的流动性、腐蚀性、可燃性等各种特性的影响。

(3)气体载热体余热资源。这是一种最广泛、最普遍的余热资源,包括各种烟气的余热、各种设备排气的余热,以及各种可燃性废气的余热等。对气体的余热回收已经积累了丰富的经验,但由于气体侧换热性能较低,所以需要采用强化传热元件和热交换器,同时还要重点考虑气体的积灰、磨损和腐蚀。

1.1.2.2　按载热体温度水平划分

(1)高温余热资源,一般指载热体温度高于 600 ℃的余热资源。

(2)中温余热资源,一般指载热体温度在 300~600 ℃之间的余热资源。

(3)低温余热资源,一般指载热体温度低于 300 ℃的余热资源。

应当指出,上述高、中、低温余热资源的划分仅有参考意义,并不是固定不变的。例如,对于燃煤的普通锅炉,一般情况下的排烟温度在 150 ℃ 左右,当排烟温度为 200 ℃ 时,就认为是中等排烟温度。对于燃烧天然气的锅炉,一般的排烟温度在 100 ℃ 以下,当排烟温度达到 200 ℃ 时,就认为是很高的排烟温度,应归属于中温余热资源。

1.1.2.3　按工业部门和用能设备划分

考虑到工业部门众多,用热设备各具特点,产生的余热资源在形式和温度水平上各不相同,因此为了便于余热的回收和利用,有必要直接按工业部门和用能设备将余热资源进行划分,见表 1.1。

表 1.1　按各工业部门和用能设备划分的余热资源

工业部门	用能设备	余热种类	余热温度/℃	载热体形态
钢铁工业	炼焦炉	焦炭显热	1 050	固　态
	烧结炉	烧结矿显热	650	固　态
	热风炉	排气余热	250～300	气　态
	高炉冷却水	低温水余热	50～70	液　态
	炼钢炉	排气灰余热	600～1 000	气　态
	炉渣冷却水	冷却水余热	50～70	液　态
有色金属工业	自熔炉	烟气余热	1 200	气　态
		炉渣余热	1 200	固　态
化工工业	加热炉	排气余热	200～700	气　态
	电石反应炉	炉渣余热	1 800	固　态
工业锅炉	燃煤锅炉	烟气余热	150～200	气　态
	燃气锅炉	烟气余热	100～150	气　态
工业窑炉	玻璃窑炉	排气余热	900～1 500	气　态
	水泥窑炉	排气余热	600～700	气　态
	锻造加热炉	排气余热	600～700	气　态
	热处理炉	排气余热	400～600	气　态
	干燥炉、烘干炉	排气余热	200～400	气　态
电力工业	电站锅炉	排烟余热	100～300	气　态
	燃气轮机	排气余热	300～500	气　态
	冷凝器	排水余热	30～50	液　态
轻工业:食品、纺织、造纸	加热炉	排气余热	100～200	气　态
	干燥炉、烘干炉	排气余热	80～120	气　态

注:表中所列举的余热温度范围仅供参考,由于具体设备和运行条件的不同,余热温度会有所变化。

应当指出,虽然对余热资源的特性做了上述分类,但仍难以全面考虑余热资源的特点。例如,有的余热资源是间断性的,有的余热资源则是连续而稳定的;有的余热资源含有大量粉尘、颗粒或其他成分,有的则比较干净;有的余热资源有腐蚀性或对人体有害,有的则无毒、无腐蚀。这些特点通常与特定的设备、特定的工艺、特定的运行方式及不同的燃料品种有关。因此,为了便于研究并制订合理的余热回收方案,有时需要针对具体的设备进行分析。

1.1.3 余热回收利用的原则

余热的回收利用方法随余热资源的不同而各不相同。余热回收利用的方法总体可分为热回收和动力回收两大类。进行余热回收的原则如下:

(1)对于排出高温烟气的各种热设备,其余热应优先由本设备或本系统加以利用。

(2)当余热无法回收用于加热设备本身,或用后仍有部分可回收时,应将其用于生产蒸汽或热水,以及产生动力等。

(3)根据余热的种类、排出的情况、介质温度和数量,以及利用的可能性等进行企业综合热效率及经济可行性分析,决定设置余热回收利用设备的类型及规模。

(4)应对必须回收余热的冷凝水,高、低温液体,固态高温物体,可燃物和具有余压的气体、液体等的温度、数量和范围制定具体的利用管理标准。

在余热回收利用中,需特别考虑下述几个方面:

(1)企业的注意力首先要放在提高现有设备的效率上,尽量减少能量损失,决不要把回收余热建立在大量能源浪费的基础之上。

(2)余热资源很多,但不是全部都可以回收利用,而且余热回收本身也存在损失问题。在目前的技术和经济条件下,一部分余热是应该而且可以利用的,另一部分还难以利用或利用起来不合算。

(3)余热的用途从工艺角度来看基本上有两类:一类用于工艺设备本身,另一类用于其他工艺设备。通常把余热用于生产工艺本身比较合适。这是因为,一方面回收措施往往比较简单,投资较少;另一方面在余热供需之间便于协调和平衡,容易稳定运行。若把余热回收后利用到其他工艺设备上,因为余热是不易或不能储存的,其余热的回收与利用就一定要配合好,否则难以发挥效果。这是因为余热的多少随发生设备的运行条件而变化,余热供应一般不太稳定;当发生能量需求变化时,余热发生设备不能随之变化,即余热回收与利用无法保持同步。

1.1.4　油田采出水余热的特点

地热与石油是共存于沉积盆地的两种能源,它们的形成条件有较多相似之处。在含油气盆地中,往往含油气层就是热储层,油气田就是地热田,它们的勘探开发技术工艺接近。油田采出水是油田开发生产过程中伴生的地热水资源,主要来源于油田二次采油阶段为保证地层压力和驱替原油而注入的水,水回注后被油田热储层加热,采出时便具有较高的温度。油田采出水主要具有以下特点:

(1)资源储量大。采出水余热的资源基础是含油气盆地内的地热资源,油田生产持续,则采出水余热资源就一直存在。在油气勘探开发过程中发现,含油气沉积盆地往往"油""热"共生,油田即"热田"。我国主要油气产区覆盖了大部分地热资源丰富的盆地。据中国石油勘探开发研究院初步测算,仅中国石油探区主要盆地水热型地热资源量就约为 $5\,900 \times 10^8$ t 标准煤,占全国水热型地热资源总量的 47.2%。

(2)开发成本低。油田伴生地热与常规地热资源相比,不需要额外的钻井工程及尾水回灌工程投资,具有节约热水采出和尾水回灌成本等优点。油田生产消耗大量能源,如果能利用采出水余热资源开展化石能源替代,则社会效益和经济效益俱佳。

1.2　余热利用与工程热力学

1.2.1　余热利用和热力学第一定律

热力学第一定律是能量守恒定律在热力学上的应用。能量守恒是自然界的基本规律之一。在处理和思考与能量、能源有关的问题时,热力学第一定律既是世界观,也是方法论。

热力学第一定律有各种表述,既可以以宇宙、地球或某一个工程或工厂为背景进行表述,也可以从我们生活中与能源有关的方方面面来表述。余热回收与能量、能源有关,因而余热回收的任何一个环节都离不开热力学第一定律的制约。

热力学第一定律从宇宙角度的表述是:宇宙的能量总和是个常数。我们既不能创造也不能消灭能量,宇宙中的能量总和一开始就是固定的,而且永远不会改变。

从地球的角度对热力学第一定律的表述是:地球上的能量是固定的,一个是地球本身所储存的能量,另一个是太阳能。

其他表述为:我们每天都在消耗能量,但我们并没有消灭能量,而只是把它转换成了其他形式的能量。

热能可以转换为其他形式的能量,但总能量是守恒的。

热是能的一种,热可以转变成功,功也可以转变成热,一定量的热消失时,可以产生一定量的功;消耗了一定量的功时,必出现与之对应的一定量的热。

以一个发电厂为背景,对能量守恒定律进行的表述是:发电厂所消耗的能源总量(即燃烧的燃料中所包含的总能量和从环境空气中吸取的热量)等于发出的电力所消耗的热能,加上通过固态、液态、气态等载热体以各种形式向环境排放的热能。

以一辆汽车的发动机为例,能量守恒定律体现的是:发动机每燃烧1 L 燃料所产生的能量等于发动机产生一定的动力所消耗的能量加上发动机向外排气带出的能量和各部件的散热量。

余热回收就是从内向外排出的"废热"中吸收一部分热能,使其从"无用"变为"有用",提高能源的利用率。在余热回收系统中,处处离不开热力学第一定律的制约,例如:

载热体进入系统的热量一载热体排出系统的热量=余热回收的热量

又如,对一台换热器而言:

热流体传入的热量=冷流体吸收的热量

热力学第一定律看起来简单,容易被人接受,但在执行和操作中却经常被忽略,甚至出现错误,例如:

(1)有资料称,发明了一个传热元件,只要使用了它的工质,向元件中传出的热量就可以大于传入的热量。

(2)某锅炉的热效率为 80%,有宣传称,采用了某种余热回收设备,可以将能源利用率提高到 50%。

(3)在一台换热设备的设计中,用户随意地给出了冷、热两种流体的所有已知条件,但根据此条件计算出的热流体的放热量并不等于冷流体的吸热量。

1.2.2 余热利用和热力学第二定律

热力学第一定律确定了能量在转移或传递过程中的能量守恒原则,只涉及能量的数值,并没有涉及能量的质量,没有对能量在转移和传递过程中发生的品质变化给予评价。而热力学第二定律就回答了这一问题,其对能量品质的变化给出了评估方法和依据,并说明了任何能量在被应用或被转移的过程中必须经过的方向、路径和最后归宿。

热力学第二定律有各种不同的表述,而且涉及社会和人类生活的方方面面,其中与能量和余热回收有关的表述如下:

（1）两个温度不同的物体进行热交换时，热量总是从高温物体传向低温物体，而不可能反向传递。

（2）热量不能自发地、不付代价地从低温物体传向高温物体。例如，在制冷系统中，具有更低温度的制冷剂可以从低于环境温度的介质（如空气）中吸取热量，以达到制冷的目的。但它要付出的"代价"是：从低温环境中吸收了热量的制冷剂需要在一台压缩机中提高它的压力和温度，并使其温度高于环境温度，最后将吸收的热量传给环境中的大气。压缩机要消耗能量，这就是制冷机要付出的"代价"。

（3）只从一个高温热源中吸收热量，而不向低温热源排出热量的循环发动机是造不出来的，即不可能制造出第二类永恒发动机。

例如，在一个发电厂中，汽轮机吸收了锅炉产生高温高压蒸汽的能量而发电，使高温热能转变为电能，与此同时，它必须将做完功的低温蒸汽的热量排向大气，只吸热而不排热的汽轮机是造不出来的。

（4）能量（热能）在被利用和传递过程中，只能沿着不可逆的方向转换，即从可利用的状态转化为不可利用的状态，从有效的状态转化为无效的状态。

能量的质量是用其做功的本领（或潜在的本领）来衡量的。燃料中的热值是隐藏在燃料内部的能量，存在巨大的应用潜力，因而属于高质量的能量。

热能在应用中的质量是由其温度水平来衡量的，即载热体的温度与环境温度差值越大，做功的潜力就越大，质量就越高。如果载热体的温度十分接近环境温度，那么其数量再大也没有多少做功的本领，属于质量很低的能量。在余热回收工程中，一般认为，若排烟温度在 600 ℃ 以上，就属于高品质的余热资源，可以用来产生蒸汽、发电，实现高品质的余热利用，即所谓的"高温高用"；若排烟温度在 200 ℃ 以下，则可用来加热空气或加热给水，即所谓的"低温低用"。根据热力学第二定律，应该将所有的热量都贴上质量的标签，不但从数量上，而且要从质量上实现能量的合理利用。例如，北方城市有很多采暖小锅炉，它把高质量燃料的热能直接变为温度不到 100 ℃ 的低温热水用于供暖，将能源的质量从最高峰突降到最低峰，虽然没有损失能量的数值，但从热力学第二定律的观点看，供暖锅炉损失的是能量的质量。众所周知，目前采用的"热电联产"系统，它首先将燃料燃烧产生的高温热能用于发电，然后将较低温度的热能用于供暖，这样就能很好地解决了这一问题。

1.2.3　余热利用的传热学基础

在余热回收系统中，需要回收的是热载体携带的余热，而不是热载体本身。热载体所携带的热量需要在热交换器中将其传给设定的某种介质，因此热交换器（简称换热器）是余热回收的关键设备。由于载热体的种类众多，接受余热的介质各不相同,所以热交换器的形式和结构也是多种多样的。在换热器的大家族中挑选余热回收所需要的品种,并掌握该换热器的设计计算方法,对开展余热回收利用是至关重要的。

1.2.3.1　传热和传热系数

传热学中的"传热"是一个专用名词,是指热量从热流体经过固体间壁传给冷流体的过程。传热的路径是热流体→间壁→冷流体。传热过程由 3 部分组成,如图 1.1 所示。

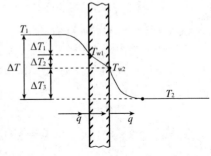

图 1.1　传热过程

(1) 传热温差:热流体和冷流体之间的温度差。

(2) 传热系数:单位传热面积、单位传热温差、单位时间内热流体向冷流体的传热量,即

$$K = \frac{Q}{A_0 \Delta T} \tag{1.1}$$

式中　K——传热系数,$W/(m^2 \cdot ℃)$;

　　　Q——传热量,W;

　　　ΔT——传热温差,℃;

　　　A_0——传热面积,m^2。

1.2.3.2　导热和导热系数

导热是指依靠分子、原子或自由电子等微观粒子而产生的热量转移。固体内部(如管壁内)的热量转移完全依靠导热。对于流动的流体,除了导热之外,主要依靠流体的流动转移热量,统称为对流换热。

在一个一维的导热系统中,即当温度只沿一个方向变化时,导热量的计算式为:

$$Q = -\lambda A \frac{\mathrm{d}T}{\mathrm{d}x} \tag{1.2}$$

式中　Q——导热量,W;

　　　A——导热面积,m^2;

　　　$\dfrac{\mathrm{d}T}{\mathrm{d}x}$——温度 T 在 x 方向上的变化率,式中的负号表示热量传递的方向与温度升高的方向相反;

　　　λ——导热系数,$W/(m \cdot ℃)$。

由式(1.2)可知,对于厚度为 δ 的平板,如果两外表面的温度分别为 T_{w1} 和 T_{w2},且 $T_{w1} > T_{w2}$,则通过平板的单位面积上的导热量为:

$$q = \frac{\lambda(T_{w1} - T_{w2})}{\delta} = \frac{\lambda}{\delta} \Delta T \tag{1.3}$$

式中　q——热流密度,即单位面积上的导热量,W/m^2。

对于通过圆管壁面的导热,设圆管的外径为 D_o,内径为 D_i,对应的表面温度分别为 T_o 和 T_i,则以圆管外表面积为基准的热流密度为:

$$q = \frac{Q}{\pi D_o L} = -\lambda \frac{dT}{dr} = \frac{2\lambda}{D_o} \frac{(T_o - T_i)}{\ln(D_o/D_i)} \tag{1.4}$$

导热系数 λ 是一个重要的物理性质。对于不同的材料,导热系数相差很大,而且随温度而变化。各种材料的 λ 值可在相关文献中查到。表 1.2 是几种常用材料和流体的导热系数,记住它们大致的数值范围是有必要的。

表 1.2　常用材料的导热系数

材　料	温度/℃	$\lambda/(W \cdot m^{-1} \cdot ℃^{-1})$	备　注
纯　铜	100	393	
纯　铝	100	240	
合金铝	100	173	型号:87Al-13Si
碳　钢	100	36.6	$w(C) \approx 1.5\%$
不锈钢	100	16.6	型号:18-20Cr-16Ni
烟　气	100	0.031 3	$p = 1.05 \times 10^5$ Pa
空　气	20	0.025 9	$p = 1.05 \times 10^5$ Pa
饱和水	20	0.599	

1.2.3.3　换热和换热系数

在传热学中,换热和换热系数均是专有名词。换热的定义是流体与壁面之间的热量交换,这意味着在一个传热过程的两侧分别存在两个换热过程:热流体和一侧壁面之间的换热,以及冷流体和另一侧壁面之间的换热,如图 1.1 所示。

换热系数 h 是描写换热过程强弱的物理量。换热系数的定义是:单位时间内,单位温差、单位面积上的换热量。其中,温差是指流体温度与壁面之间的温度差。

$$h = \frac{Q}{A \Delta T} \tag{1.5}$$

式中　h——换热系数,$W/(m^2 \cdot ℃)$;

　　　Q——换热量,W;

　　　A——换热面积,m^2;

　　　ΔT——流体温度 T_f 和壁面温度 T_w 之差,即 $\Delta T = T_f - T_w$ 或 $\Delta T = T_w - T_f$,℃。

换热系数的大小取决于很多因素,如流体的物理性质、流速、层流或紊流、壁面的形状等。由于影响因素很多,所以换热系数主要通过实验研究确定。目前,在传热学和换热器的有关文献中,已推荐了若干广泛认可的实验关联式。

1.3 换热器应用

1.3.1 换热器的概念

换热器是将热流体的部分热量传递给冷流体的设备,又称热交换器。换热器在化工、石油、动力、食品及其他许多工业生产中占有重要地位,常常用于把低温流体加热或者把高温流体冷却,把液体汽化成蒸气或者把蒸气冷凝成液体。尤其在化工生产中,换热器可作为加热器、冷却器、冷凝器、蒸发器和再沸器等,应用广泛。据统计,热交换器的吨位约占整个工艺设备的 20%,有的甚至高达 30%。

1.3.2 各种换热器的构成及原理

油田采出水含油和悬浮物,矿化度高,含有 Ca^{2+}、Mg^{2+}、HCO_3^-、Ba^{2+}、S^{2-}、Cl^- 等离子。以上特性造成换热器易发生结垢、堵塞、腐蚀等问题。因此,换热器选型是油田采出水余热利用系统可靠运行的关键。油田采出水余热利用中主要采用的换热器有板式换热器、螺旋板式换热器、管壳式换热器等类型。

1.3.2.1 板式换热器

板式换热器由高效传热波纹板片及框架组成。板片之间形成薄矩形流道,通过板片进行热量交换。板式换热器的结构如图 1.2 所示。

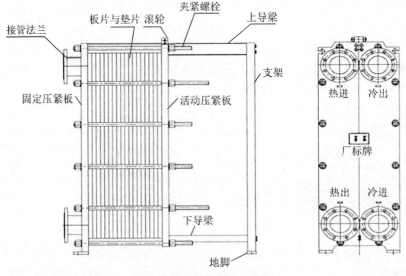

图 1.2 板式换热器示意图

1.3.2.2　螺旋板式换热器

螺旋板式换热器由两张板材卷制而成,形成两个均匀的螺旋通道,传热介质可以进行全逆流流动换热。螺旋板式换热器的结构如图 1.3 所示。

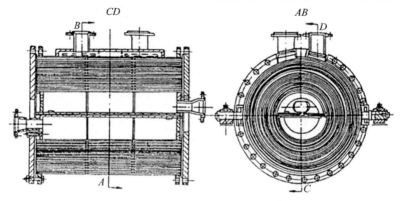

图 1.3　螺旋板式换热器示意图

1.3.2.3　管壳式换热器

管壳式换热器由许多管子组成管束,管子固定在管板上,管板与外壳连接在一起。为了增加流体在管外空间的流速,以提高换热器壳程的传热膜系数,改善换热器的传热情况,在筒体内间隔安装了许多折流挡板。管壳式换热器的结构如图 1.4 所示。

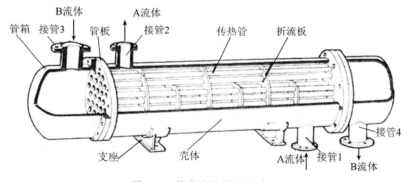

图 1.4　管壳式换热器示意图

1.3.3　油田采出水余热利用中换热器的选型原则

换热器的选型应结合油田采出液物性参数、工艺需求(热负荷、温度、压力及流程布局等)、投资费用、建设场地等多种因素综合考虑确定。选型前应重点做好总传热系数的核算。以板式换热器为例,按照一次侧(油田采出水)进水温度、出水温度,二次侧(进热泵循环水)进水温度、出水温度进行设计计算。通过下述公式,可以确定板式换热器的换热面积及数量。

换热面积计算公式为:

$$A = \frac{Q}{K \Delta t_{\mathrm{m}}} \qquad (1.6)$$

$$\Delta t_{\mathrm{m}} = \frac{\Delta t_{\max} - \Delta t_{\min}}{\ln \dfrac{\Delta t_{\max}}{\Delta t_{\min}}} \qquad (1.7)$$

$$K = \frac{1}{\dfrac{1}{h_1} + R_{s1} + \dfrac{\delta}{\lambda} + R_{s2} + \dfrac{1}{h_2}} \qquad (1.8)$$

式中　Q——换热量,W;

　　　K——传热系数,W/(m² · K);

　　　A——换热面积,m²;

　　　$\Delta t_{\max}$——换热面两端温差中的较大者,℃;

　　　$\Delta t_{\min}$——换热面两端温差中的较小者,℃;

　　　h_1、h_2 ——热、冷侧换热系数,W/(m² · K);

　　　R_{s1},R_{s2} ——污垢层热阻,(m² · K)/W;

　　　$\dfrac{\delta}{\lambda}$——板片层热阻,(m² · K)/W。

1.4　热泵技术及其应用

1.4.1　热泵的概念及技术特点

热泵是一种将低温物体中的热能传递至高温物体中的一种装置。热泵的特点如下:

(1)它能长期地、大规模地利用江河湖海等中的水、城市采出水、工业采出水、土壤或空气中的低温热能。

(2)它是目前世界上最节省一次能源(如煤、石油、天然气等)的供热系统,即它能用少量不可再生的能源(如电能)将大量的低温热能升为高温热能。热泵技术所消耗的一次能源仅是电热采暖和燃油、燃气锅炉采暖供热方式的 1/5 或近 1/6。

(3)它在一定的条件下可以逆向使用,既可用于供热,也可用于制冷,而且不需要两套设备的投资。

1.4.2　各种热泵的构成及原理

1.4.2.1　压缩式热泵

压缩式热泵主要由蒸发器、压缩机、冷凝器和膨胀阀四部分组成。

压缩式热泵的原理:通过让工质不断完成蒸发(吸取环境中的热量)—压缩—冷凝(放出热量)—节流—再蒸发的热力循环过程,将环境中的热量转移到工质中。工作时,热泵把环境介质中储存的热量 Q_2 在蒸发器中加以吸收,它本身消耗一部分能量,即压缩机耗电 W,通过工质循环系统在冷凝器中进行放热 Q_1,所以 $Q_1 = Q_2 + W$。由此可以看出,热泵输出的热量为压缩机做的功和热泵从环境中吸收的热量之和,因此,采用热泵技术可以节约大量的电能。压缩式热泵原理示意图如图 1.5 所示。

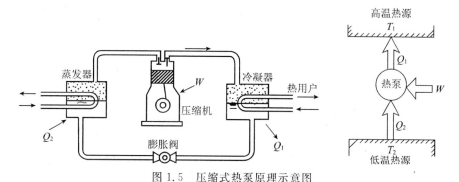

图 1.5　压缩式热泵原理示意图

由换热器提取采出水余热,低温低压的制冷剂在蒸发器中提取余热后变为高温低压气体进入压缩机,绝热压缩成高温高压气体,然后进入冷凝器,向用热侧等压放热后变成低温高压的液体,再经过节流阀绝热节流后成为低温低压制冷剂,制冷剂再流经蒸发器开始新的循环。电动高温热泵工艺流程示意图如图 1.6 所示。

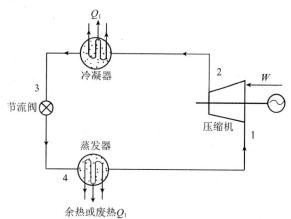

图 1.6　电动高温热泵工艺流程示意图

1—压缩机;2—冷凝器;3—节流阀;4—蒸发器

在压缩式热泵循环中,假设工质通过压缩机升温升压所消耗的能量为 W,在蒸发器中从余热水获得的热量为 Q_1,热泵的性能系数为 COP

(coeffocient of performance)。COP 等于有效制热量 Q 与耗功量 W 之比,即压缩式热泵循环的性能系数 COP 可表示为:

$$COP = \frac{Q}{W} = \frac{Q_1 + W}{W} = 1 + \frac{Q_1}{W} > 1 \tag{1.9}$$

压缩式热泵的性能系数 COP 一般在 $3 \sim 6$ 之间,即系统制热量是耗功量的 $3 \sim 6$ 倍。

1.4.2.2 第一类吸收式热泵

第一类吸收式热泵以天然气为驱动热源,溴化锂溶液为吸收剂,水为制冷剂,由蒸发器吸收提取采出水热量,通过冷凝器放热制取高温热水对原油进行加热,满足联合站工艺需求。第一类吸收式热泵工艺流程示意图如图 1.7 所示。

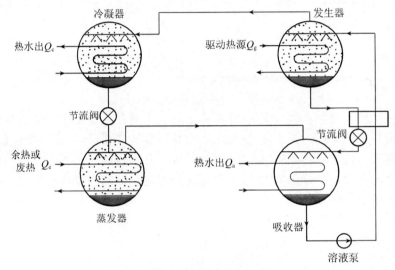

图 1.7 第一类吸收式热泵工艺流程示意图

对于第一类吸收式热泵,假设在发生器中消耗的驱动热源的热量为 W,在蒸发器中吸收的采出水余热为 Q_1,在吸收器和冷凝器中向外界放出的热量分别为 Q_2 和 Q_3。若不考虑泵做功,则可列出平衡式为:

$$W + Q_1 = Q_2 + Q_3 \tag{1.10}$$

根据能效比的定义,第一类吸收式热泵循环的性能系数 COP 可表示为:

$$COP = \frac{Q}{W} = \frac{Q_2 + Q_3}{W} = \frac{W + Q_1}{W} = 1 + \frac{Q_1}{W} > 1 \tag{1.11}$$

第一类吸收式热泵的供热量等于从低温余热源吸收的热量和驱动热源的补偿热量之和,供热量始终大于消耗的高品位热源的热量,即 $COP>1$。第一类单效吸收式热泵的 COP 一般为 $1.65 \sim 1.85$,双效吸收式热泵的 COP 可以达到 2.2 以上。

1.4.2.3   第二类吸收式热泵

利用采出水余热作为驱动热源,将发生器内的溴化锂水溶液在采出水余热的加热下蒸发出的水蒸气送入冷凝器中冷凝,并放出热量。冷凝后的液态水输送到蒸发器中,在采出水余热的加热作用下汽化。汽化后的水蒸气进入吸收器,被从发生器来的浓溶液吸收,在吸收的过程中放出热量制取高温热水。第二类溴化锂吸收式热泵的工艺流程图如图 1.8 所示。

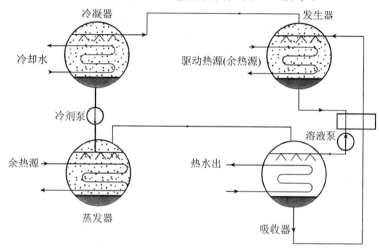

图 1.8   第二类溴化锂吸收式热泵工艺流程图

对于第二类吸收式热泵,假设在发生器中消耗的余热水的热量为 Q_1,在蒸发器中吸收的采出水热量为 Q_2,吸收器和冷凝器向外界放出的热量分别为 Q_3 和 Q_4。若不考虑泵做功,则可列出平衡式为:

$$Q_1 + Q_2 = Q_3 + Q_4 \tag{1.12}$$

根据能效比的定义,吸收式热泵循环的性能系数 COP 可表示为:

$$COP = \frac{Q}{W} = \frac{Q_3}{Q_1 + Q_2} < 1 \tag{1.13}$$

第二类吸收式热泵的供热量等于从吸收器中吸收的热量,供热量小于从低温余热源吸收的热量和驱动热源的补偿热量之和,即 $COP<1$。第二类吸收式热泵的性能系数 COP 一般为 $0.4 \sim 0.5$。

1.4.3   油田采出水余热利用中热泵技术优选原则

压缩式热泵与第一类吸收式热泵的一次能源利用率之比为 0.7。因此,采用吸收式热泵供热系统的能耗成本低于采用压缩式热泵的供热系统。从成本节约的角度来看,采用吸收式热泵系统供热为首选供热方式。

但沈起昌通过矿物能源能效比(MEER)的计算分析,认为当压缩式热泵和吸收式热泵用能均直接来自矿物能源时,应尽量利用矿物能源产生的电能来驱动压缩式热泵做功才更具有节能意义,而利用矿物燃料产生的热能来驱动吸收式热泵做功对提高能源利用率是不利的。王冰等通过能耗的计算得出了吸收式热泵能耗高于压缩式热泵及吸收式与压缩式热泵联合运行的能耗的结论。

结合现场电力、天然气资源、余热资源,以及工艺需求对 COP 的影响等情况,优选热泵原则为:

(1) 当用热点电力充足,无气源或气源不足,可利用余热资源介于 $0.75\sim 1$ 倍用热负荷时,优先选用高温压缩式热泵。

(2) 当用热点电力不足而气源充足时,优先选用高温吸收式热泵。

(3) 当压缩式热泵的 COP 小于 3.3 时,优先采用第一类吸收式热泵;当用热温度低于 60 ℃时,采用双效吸收式热泵。

结合现场余热资源、工艺需求情况,吸收式热泵的工艺优选原则为:

(1) 当可利用余热资源<0.75 倍用热负荷时,优先选用第一类吸收式热泵。

(2) 当可利用余热资源>3 倍用热负荷,且温度高于 55 ℃时,优先选用第二类吸收式热泵。

(3) 当一定参数下可利用的余热资源与需要的热负荷之比介于上述两种情况之间时,应采用第一、第二类吸收式热泵联合供热系统。

第 2 章　采出水余热利用系统热力模拟与分析

2.1　第一类吸收式热泵热力计算

2.1.1　物理模型

以已经在某联合站锅炉房成功运行的 3 600 kW 热泵的有关参数为例,第一类吸收式热泵的工作过程(图 2.1)如下:

冷凝器内饱和水(温度为 83 ℃,对应蒸汽压为 400.6 mmHg,1 mmHg＝133.322 Pa)经节流阀节流进入蒸发器,降温降压(温度为 42 ℃、压力为61.5 mmHg)后,自采出水换热器换热来的余热水(54 ℃)中得到热量而蒸发。

蒸发器中的蒸汽尽管压力很低,但可以被吸收器内的溴化锂水溶液(自发生器来,质量分数为 57.5%,对应蒸汽压为 61.3 mmHg)所吸收,成为稀溶液(质量分数为 51.5%)。蒸汽被溴化锂溶液吸收是一个放热过程,放出的热将 60 ℃的管网回水加热到 66.42 ℃(热网回水第一次被加热)。

稀溶液自吸收器出来后进入发生器,在高温热源(155 ℃饱和蒸汽)的加热下产生 400.8 mmHg 的蒸汽,进入冷凝器。

自发生器来的蒸汽向进口温度为 66.426 ℃的管网水放热而冷凝,管网水得热而被加热到 72 ℃(热网回水第二次被加热),向热用户供热。

在上述过程中,进入热泵装置的热由两部分构成——投入的蒸汽热和利用的余热,而输出的热全部(分 2 次)被管网水得到。根据能量守恒原理,投入的热等于输出的热。因此,将 60 ℃的管网回水变成 72 ℃热水的热量,其中的一部分来自余热(采用锅炉供热系统时,该部分热全部由锅炉提供),这样可以节能。

2.1.2　换热设备的热负荷

根据单效吸收式循环的 h-ξ(焓-质量分数)图以及确定的设计参数,各换

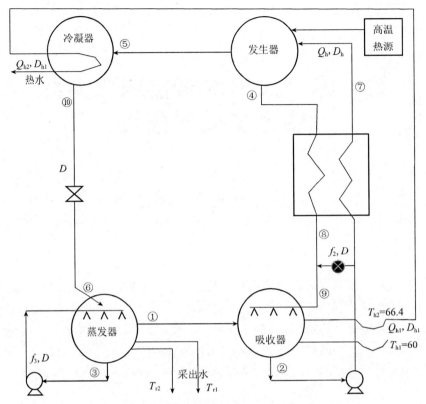

图 2.1　第一类吸收式热泵工艺流程图

Q—热量；D—水蒸气流量；f—循环倍率；T—温度；①～⑨—循环节点

热器的热负荷可根据各自的热平衡求出。

2.1.2.1　发生器的热负荷和单位热负荷

发生器的热负荷 Q_g 即工作介质的加热量。发生器的单位热负荷 q_g 表示发生器产生单位质量流量冷剂蒸汽所需的工作介质加热量。冷剂蒸汽量 $q_{m,D}$ 表示发生器产生的冷剂蒸汽的量。它们之间的关系如下：

$$Q_g = q_g q_{m,D} \tag{2.1}$$

根据图 2.2 所示发生器的热流图，经过溶液换热器升温后，进入发生器的稀溶液流量为 $q_{m,a}$，质量分数为 ξ_a，比焓为 h_7，在预热过程中被工作介质加热，从过冷状态升温到平衡状态，质量分数 ξ_a 不变。然后在发生过程中产生冷剂蒸汽量 $q_{m,D}$，稀溶液变成浓溶液，流量为 $q_{m,a} - q_{m,D}$，质量分数为 ξ_r，比焓为 h_4。

由热量平衡关系得：

$$q_{m,a} h_7 + Q_g = q_{m,D} h'_3 + (q_{m,a} - q_{m,D}) h_4$$

$$Q_g = q_{m,D}(h'_3 - h_4) + q_{m,a}(h_4 - h_7) \tag{2.2}$$

定义 $a = q_{m,a}/q_{m,D}$，得：

$$q_g = h_3' - h_4 + a(h_4 - h_7)$$
$$= h_3' + (a-1)h_4 - ah_7 \tag{2.3}$$

式(2.3)中的 a 称为溶液的循环倍率,其物理意义是发生器中产生单位质量流量冷剂蒸汽所需的稀溶液流量。

由溴化锂的质量平衡关系得:

$$q_{m,a}\xi_a = (q_{m,a} - q_{m,D})\xi_r \tag{2.4}$$
$$a = \xi_r / (\xi_r - \xi_a) \tag{2.5}$$

2.1.2.2　冷凝器的热负荷和单位热负荷

冷凝器的热负荷 Q_c 即冷凝过程中冷却水带走的热流量。冷凝器的单位热负荷 q_c 表示冷凝器凝结单位质量流量冷剂蒸汽时,冷却水带走的热量。

$$Q_c = q_c q_{m,D} \tag{2.6}$$

根据图 2.3 所示冷凝器热流图,进入冷凝器的制冷剂蒸汽 $q_{m,D}$ 被冷却水冷却,从过热蒸汽冷却到饱和蒸汽,并冷却到饱和水。

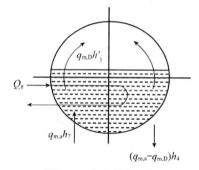

图 2.2　发生器热流图

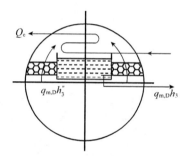

图 2.3　冷凝器热流图

由热量平衡关系得:

$$q_{m,D}h_3 + Q_c = q_{m,D}h_3''$$
$$Q_c = q_{m,D}(h_3'' - h_3) \tag{2.7}$$

等式两边同除以 $q_{m,D}$,得:

$$q_c = h_3'' - h_3 \tag{2.8}$$

2.1.2.3　蒸发器的热负荷和单位热负荷

蒸发器的热负荷 Q_e 即冷水放出的热流量,也称为机组的制冷量。蒸发器的单位热负荷 q_e 表示蒸发器蒸发单位质量流量冷剂水时,冷水放出的热流量。

$$Q_e = q_e q_{m,D} \tag{2.9}$$

通常机组制冷量为已知参数,因此由式(2.9)得:

$$q_{m,D} = \frac{Q_e}{q_e}$$

根据图 2.4 所示蒸发器热流图,从冷凝器进入蒸发器的冷剂水 $q_{m,D}$ 在节流降压后一部分闪蒸,其余部分被冷水加热蒸发,从过热水变成饱和蒸汽。

由热量平衡关系得:

$$q_{m,D}h_3 + Q_e = q_{m,D}h'_1$$
$$Q_e = q_{m,D}(h'_1 - h_3) \tag{2.10}$$

等式两边同除以 $q_{m,D}$,得:

$$q_e = h'_1 - h_3 \tag{2.11}$$

2.1.2.4 吸收器的热负荷和单位热负荷

吸收器的热负荷 Q_a 即吸收过程中冷却水带走的热流量。吸收器的单位热负荷 q_a 表示吸收器吸收单位质量流量冷剂蒸汽时冷却水带走的热量。

$$Q_a = q_a q_{m,D} \tag{2.12}$$

根据图 2.5 所示吸收器热流图,从蒸发器进入吸收器的冷剂蒸汽 $q_{m,D}$ 在吸收器中被来自溶液换热器降温后的浓溶液($q_{m,a} - q_{m,D}$)所吸收,浓溶液在吸收过程中变为稀溶液。

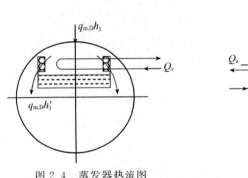

图 2.4　蒸发器热流图

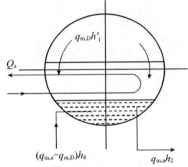

图 2.5　吸收器热流图

由热量平衡关系得:

$$Q_a + q_{m,a}h_2 = q_{m,D}h'_1 + (q_{m,a} - q_{m,D})h_8$$
$$Q_a = q_{m,D}(h'_1 - h_8) + q_{m,a}(h_8 - h_2) \tag{2.13}$$

等式两边同除以 $q_{m,D}$,得:

$$q_a = h'_1 - h_8 + a(h_8 - h_2) \tag{2.14}$$

吸收器中采用中间溶液喷淋的方式,必须将溶液换热器来的浓溶液(流量为 $q_{m,a} - q_{m,D}$)和来自吸收器的稀溶液(流量为 $a_f q_{m,D}$)混合成中间质量分数的溶液,其比焓 h_9 及质量分数 ξ_9 可由下列平衡式求得:

$$(q_{m,a} - q_{m,D})h_8 + a_f q_{m,D}h_2 = [(q_{m,a} - q_{m,D}) + a_f q_{m,D}]h_9$$
$$(q_{m,a} - q_{m,D})\xi_r + a_f q_{m,D}\xi_a = [(q_{m,a} - q_{m,D}) + a_f q_{m,D}]\xi_9$$

等式两边同除以 $q_{m,D}$,得:

$$h_9 = \frac{(a-1)h_8 + a_f h_2}{a - 1 + a_f} \tag{2.15}$$

$$\xi_9 = \frac{(a-1)\xi_r + a_f \xi_a}{a - 1 + a_f} \tag{2.16}$$

以上两式中,a_f 称为吸收器的再循环倍率,它表示在吸收器中吸收单位质量流量冷剂蒸汽所需送入喷淋装置的稀溶液量。如果采用浓溶液直接喷淋的方式,则 $a_f = 0$。

2.1.2.5　溶液换热器的热负荷和单位热负荷

溶液换热器的热负荷 Q_h 即溶液换热器的换热量。溶液换热器的单位热负荷 q_h 表示产生单位质量流量冷剂蒸汽时,溶液换热器所回收的热量。

根据图 2.6 所示溶液换热器热流图,由热量平衡关系得:

$$Q_h = q_{m,a}(h_7 - h_2) \tag{2.17}$$

$$Q_h = (q_{m,a} - q_{m,D})(h_4 - h_8) \tag{2.18}$$

令 $\dfrac{Q_h}{q_{m,D}} = q_h$,得:

$$q_h = a(h_7 - h_2) = (a-1)(h_4 - h_8) \tag{2.19}$$

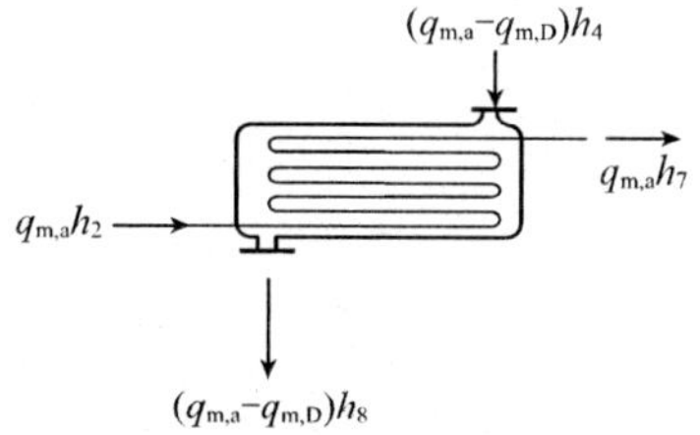

图 2.6　溶液换热器热流图

2.1.2.6　热平衡和热力系数

如果忽略机组中泵消耗的功率所带入的热流量,以及机组与外界环境的换热量,则机组的总体热平衡情况是:通过发生器及蒸发器加入机组的热流量为 $Q_g + Q_e$,经过冷凝器和吸收器带出机组的热流量为 $Q_c + Q_a$,对于每一稳定工况,两者应相等,即

$$Q_g + Q_e = Q_c + Q_a \tag{2.20}$$

$$q_g + q_e = q_c + q_a \tag{2.21}$$

以上两式称为机组的热平衡式。在设计计算时,用热平衡式可以考核各换热设备热负荷的计算是否正确:如果数值相差太大,则说明计算有误差或参数选择不当。

在设计计算时,应使热负荷相对误差满足下式的要求:

$$\frac{2|(Q_g + Q_e) - (Q_c + Q_a)|}{Q_g + Q_e + Q_c + Q_a} \leqslant 1\% \tag{2.22}$$

对于单效热泵,吸收器与冷凝器中吸收的热量 $Q_a + Q_c$ 与发生器中热源加入的热量 Q_g 之比称为制热性能系数 COP,即

$$COP = \frac{Q_a + Q_c}{Q_g} = \frac{q_a + q_c}{q_g} \qquad (2.23)$$

2.2　第二类吸收式热泵热力计算

2.2.1　物理模型

第二类溴化锂吸收式热泵利用余热水作为驱动热源,通过改变溴化锂溶液的浓度从而达到使冷剂水循环工作的要求,高浓度的溴化锂溶液具有极强的吸收低温蒸汽的能力。具体工作原理如图 2.7 和图 2.8 所示。该系统由一个发生器、一个吸收器、一个冷凝器、一个蒸发器及一个换热器(也称热交换器)等设备组成。发生器内的溴化锂水溶液在废热的加热下蒸发出水蒸气进入冷凝器中冷凝,并放出热量。冷凝后的液态水由泵加压输送到蒸发器中,同样在外界废热的加热作用下汽化。汽化后的水蒸气进入吸收器被从发生器来的浓溶液吸收,在吸收的过程中放出热量,该热量即装置产生的可利用热。而吸收水蒸气后的稀溴化锂溶液经热交换器换热后进入发生器发生。如此循环反复进行。图 2.7 和图 2.8 中的数字分别表示工质经历的热力循环中的各个节点。

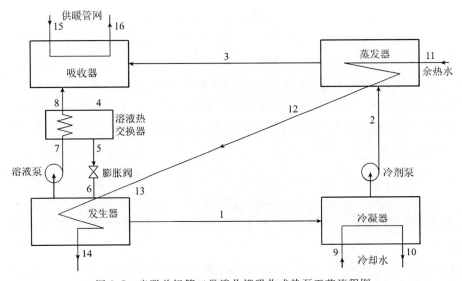

图 2.7　串联单级第二类溴化锂吸收式热泵工艺流程图

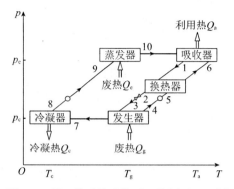

图 2.8　第二类吸收式热泵工作原理 p-T 图

从图 2.8 可以看到，第二类吸收式热泵有三个工作温度，即吸收温度 T_a、发生温度 T_g（它与蒸发温度 T_e 相同，同为废热温度）、冷凝温度 T_c；两个工作压力，即蒸发压力 p_e 和冷凝压力 p_c。三个温度的大小关系为 $T_a > T_g > T_c$，两个压力的大小关系为 $p_e > p_c$。其中，蒸发器和吸收器处于高压段，冷凝器和发生器处于低压段。

2.2.2　数学模型

吸收器和发生器的质量守恒方程为：

$$(G - D)\xi_r = G\xi_a \tag{2.24}$$

吸收器的循环倍率 a 定义为：

$$a = \frac{G}{D} = \frac{\xi_r}{\xi_r - \xi_a} \tag{2.25}$$

式中　G、D——稀溶液循环量和制冷剂的循环量，kg/s；

　　　　ξ_r、ξ_a——浓溶液和稀溶液的浓度（质量分数）。

各个换热设备的热负荷方程（能量平衡计算）如下：

发生器的热负荷

$$Q_G = (G - D)h_7 + Dh_1 - Gh_6 = M_r(h_{13} - h_{14}) \tag{2.26}$$

冷凝器的热负荷

$$Q_C = D(h_1 - h_2) = M_c(h_{10} - h_9) \tag{2.27}$$

蒸发器的热负荷

$$Q_E = D(h_3 - h_2) = M_r(h_{11} - h_{12}) \tag{2.28}$$

吸收器的热负荷

$$Q_A = (G - D)h_8 + Dh_3 - Gh_4 = M_h(h_{16} - h_{15}) \tag{2.29}$$

溶液换热器的热负荷

$$Q_H = G(h_4 - h_5) = (G - D)(h_8 - h_7) \tag{2.30}$$

第二类吸收式热泵的制热性能系数定义为：

$$COP = \frac{Q_A}{Q_G + Q_E}$$
(2.31)

式中 Q_G、Q_C、Q_E、Q_A、Q_H——发生器、冷凝器、蒸发器、吸收器和溶液换热器的热负荷，kW；

M_r、M_c、M_h——余热水、冷却水和高温水的流量，kg/s；

h_i——各个计算节点工质的比焓，kJ/kg。

2.2.3 计算示例与分析

以某小区供暖锅炉房的一台单级第二类吸收式热泵为例，相关参数、计算过程及计算结果如下所述。

(1)给定的有关参数值。

供热量 $Q_A = 2\,000$ kW；

供热水进、出口温度分别为 $t_{15} = 65$ ℃，$t_{16} = 72$ ℃；

冷却水进、出口温度分别为 $t_9 = 5$ ℃，$t_{10} = 13$ ℃；

余热水温度 $t_{11} = 55$ ℃。

(2)选定的计算参数值。

蒸发器出口余热水的温度 $t_{12} = 50.25$ ℃；

发生器出口余热水的温度 $t_{14} = 46$ ℃；

冷凝温度 $t_C = 15$ ℃，冷凝压力 $p_C = 1\,705.3$ Pa；

蒸发温度 $t_E = 48$ ℃，蒸发压力 $p_E = 11\,170.6$ Pa；

吸收压力 $p_A = 11\,053.63$ Pa，吸收器内溶液的最低温度 $t_{A,min} = 74$ ℃，稀溶液的质量分数 $\xi_a = 49.9\%$（由 h-ξ 图读出）；

放气范围 $\Delta\xi = \xi_r - \xi_a = 4\%$；

浓溶液的质量分数 $\xi_r = 53.9\%$；

发生器内浓溶液的最高温度 $t_{G,max} = 44$ ℃。

(3)通过查图及计算得出相关状态点的参数值，见表2.1。

表2.1 部分节点参数值

节 点	温度/℃	压力/Pa	比焓/(kJ·kg⁻¹)	质量分数/%
1	44	4 007.4	2 999.86	
2	15	1 699.74	480.95	
3	48	11 133.43	3 019.528	
4	74	11 053.63	347.504 4	49.9
5	52		297.262 8	49.9
6	47		297.262 8	49.9
7	44		267.955 2	53.9
8	69		318.196 8	53.9

（4）各换热设备热负荷及流量计算。

吸收器的总热负荷：

$$Q_A = 2\,000\ \text{kW}$$

吸收器的循环倍率：

$$a = \frac{G}{D} = \frac{\xi_r}{\xi_r - \xi_a} = \frac{53.9}{53.9 - 49.9} = 13.475$$

制冷剂的质量流量：

$$D = \frac{Q_A}{(a-1)h_8 + h_3 - ah_4}$$

$$= \frac{2\,000}{(13.475 - 1) \times 318.196\,8 + 3\,019.528 - 13.475 \times 347.504\,4}\ \text{kg/s}$$

$$= 0.867\,1\ \text{kg/s}$$

蒸发器总热负荷：

$$Q_E = D(h_3 - h_2) = 0.867\,1 \times (3\,019.528 - 480.95)\ \text{kW} = 2\,201.201\ \text{kW}$$

稀溶液流量：

$$G = aD = 13.475 \times 0.867\,1\ \text{kg/s} = 11.684\,2\ \text{kg/s}$$

发生器总热负荷：

$$Q_G = (G - D)h_7 + Dh_1 - Gh_6$$

$$= [(11.684\,2 - 0.867\,1) \times 267.955\,2 + 0.867\,1 \times 2\,999.86 -$$

$$11.684\,2 \times 297.262\,8]\ \text{kW}$$

$$= 2\,026.399\ \text{kW}$$

冷凝器总热负荷：

$$Q_C = D(h_1 - h_2)$$

$$= 0.867\,1 \times (2\,999.86 - 480.95)\ \text{kW}$$

$$= 2\,184.147\ \text{kW}$$

溶液热交换器的总热负荷：

$$Q_H = G(h_4 - h_5) = (G - D)(h_8 - h_7)$$

$$= (11.684\,2 - 0.867\,1) \times (318.196\,8 - 267.955\,2)\ \text{kW}$$

$$= 543.468\ \text{kW}$$

冷却水循环量：

$$M_c = \frac{Q_C}{c\Delta t} = \frac{2\,184.147}{4.186\,8 \times (13 - 5)}\ \text{kg/s} = 65.209\ \text{kg/s}$$

蒸发器余热水循环量：

$$M_{r,E} = \frac{Q_E}{c\Delta t} = \frac{2\,201.201}{4.186\,8 \times (55 - 50.25)}\ \text{kg/s} = 110.684\ \text{kg/s}$$

发生器余热水循环量：

$$M_{r,G}=\frac{Q_G}{c\Delta t}=\frac{2\ 026.399}{4.186\ 8\times(50.5-46)}\ \text{kg/s}=107.555\ \text{kg/s}$$

蒸发器和发生器流量差别甚小，可认为余热水在二者中的温降分配是合理的。

余热水循环量：

$$M_r=\frac{Q_G+Q_E}{c\Delta t}=\frac{2\ 026.399+2\ 201.201}{4.186\ 8\times(55-46)}\ \text{kg/s}=112.194\ \text{kg/s}$$

供热管网水循环量：

$$M_h=\frac{Q_A}{c\Delta t}=\frac{2\ 000}{4.186\ 8\times(72-65)}\ \text{kg/s}=68.242\ \text{kg/s}$$

（5）计算结果列于表 2.2 中。

表 2.2　各节点参数列表

节　点	温度/℃	压力/Pa	比焓/(kJ·kg⁻¹)	流量/(kg·s⁻¹)	质量分数/%
1	44	4 007.4	2 999.86	0.867 1	
2	15	1 699.74	480.95	0.867 1	
3	48	11 133.43	3 019.528	0.867 1	
4	74	11 053.63	347.504 4	11.684 2	49.9
5	52		297.262 8	11.684 2	49.9
6	47		297.262 8	11.684 2	49.9
7	44		267.955 2	10.817 1	53.9
8	69		318.196 8	10.817 1	53.9
9	5	101 325.18	439.075	65.209	
10	13		472.658	65.209	
11	55		648.31	112.194	
12	50.25		628.446	112.194	
13	50.25		628.446	112.194	
14	46		610.676	112.194	
15	65		690.145	68.242	
16	72		719.45	68.242	

（6）验算及性能分析。

热平衡验算：

$$Q_E+Q_G=(2\ 201.201+2\ 026.399)\ \text{kW}=4\ 227.6\ \text{kW}$$

$$Q_C+Q_A=(2\ 184.147+2\ 000)\ \text{kW}=4\ 184.147\ \text{kW}$$

进系统的总热量和出系统的总热量在数值上基本相等,可认为计算是正确的。

第二类吸收式热泵的供热系数为:

$$COP = \frac{Q_A}{Q_G + Q_E} = \frac{2\,000}{2\,026.399 + 2\,201.201} = 0.473$$

2.2.4　温度对第二类吸收式热泵性能系数影响程度分析

对于整个热泵系统,忽略泵功,则系统和外界只进行热量交换,根据能量平衡可得:

$$Q_a + Q_c = Q_g + Q_e \tag{2.32}$$

在由三个热源和吸收式热泵组成的孤立系统中,根据孤立系统熵增原理,热泵工作的结果是使系统的熵增 $\Delta S \geqslant 0$,即

$$\Delta S = \frac{Q_a}{T_a} + \frac{Q_c}{T_c} - \frac{Q_g}{T_g} - \frac{Q_e}{T_e} \geqslant 0 \tag{2.33}$$

由于 $T_g = T_e$,所以有:

$$COP = \frac{Q_a}{Q_g + Q_e} \leqslant \frac{T_g - T_c}{T_g} \cdot \frac{T_a}{T_a - T} \tag{2.34}$$

式(2.34)表明,所有升温型吸收式热泵的性能系数都小于或等于式子等号右边的值,只有当系统内部进行的过程都是可逆的时,等号才成立。这时的性能系数为理想情况下的最大性能系数。

吸收式热泵是工作于三个热源的热机,因此各个温度参数对整个系统的运行影响很大。国内外已有学者通过模拟及实验得到了各个温度参数对系统性能系数的影响规律。本书针对各个温度参数对系统性能参数的具体影响程度及影响大小的关系做进一步的研究。

如图 2.9 所示,若 T_a 升高,则吸收器中稀溶液的温度升高,由溴化锂溶液的 p-T 图可知,吸收器出口饱和稀溶液的浓度增大,即状态点 1 将沿着等压线 p_c 向右移动,这样系统的放气范围将减少。放气范围的减小会导致系统 COP 的降低。若 T_c 升高,则对应的冷凝压力 p_c 将升高到 p_{cc},T_g 等温线与等压线 p_{cc} 的交点由状态点 4 左移到 $4'$,这样系统的放气范围将减少,系统的 COP 将下降。

若 T_g 升高,则发生器中浓溶

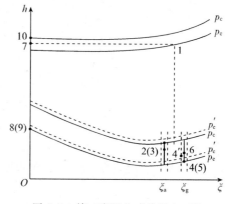

图 2.9　第二类吸收式热泵 h-ξ 图

液的温度升高,由溴化锂溶液的 p-T 图可知,发生器出口饱和浓溶液的浓度增大,即状态点 4 将沿着等压线右移。同时,蒸发温度升高,导致蒸发压力增大到 p_{ce},T_a 等温线与 p_{ce} 的交点 1 也将左移。

状态点 4 右移,状态点 1 左移,那么放气范围将增大,并且与改变 T_a 或 T_c 相比,放气范围的改变要大,因此 T_g 的升高会增大 COP,并且其影响程度要比 T_a 或 T_c 大。

2.3 高温压缩式热泵热力计算

2.3.1 物理模型

低温蒸汽通过压缩机吸收外功后,其温位提高者称为机械压缩式热泵。由于压缩机的压缩比一般都比较大,故余热温位可以得到较大提高。这种热泵属温度提高型热泵,其工作原理如图 2.10 所示。构成机械压缩式热泵的主要部件有蒸发器、压缩机、冷凝器、膨胀阀(节流阀)等。所用循环工质均为低沸点介质,如氟利昂、氨等。机械压缩式热泵系统的工作过程如下:低佛点工质流经蒸发器时蒸发成蒸汽,此时从低温位处吸收热量,来自蒸发器的低温低压蒸汽经过压缩机压缩后升温升压,达到所需温度和压力的蒸汽流经冷凝器,在冷凝器中将从蒸发器中吸取的热量和压缩机耗功所相当的那部分热量排出。放出的热量 Q 传递给高温热源,使其温位提高。蒸汽冷凝降温后变成液相,流经节流阀膨胀后,压力继续下降,低压液相工质流入蒸发器,由于沸点低,所以很容易从周围环境吸收热量而再蒸发,又形成低温低压蒸汽,如此不断地进行循环过程。图 2.10 中数字 1～10 分别表示工质在热力循环过程的各个节点。

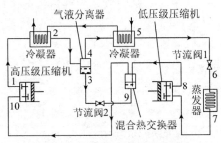

图 2.10 两级高温压缩式热泵

2.3.2 高温压缩式热泵热力计算

2.3.2.1 设计工况的确定

热泵系统设计的最终目标是通过热泵回收喷射泵出口热水热量,用于提供多级蒸发系统加热热量。据此,可确定热泵系统的设计工况:热泵系统的冷凝器为多级蒸发系统的第一级蒸发器。在第一级蒸发器中,制冷剂由 115 ℃的蒸汽冷却为 115 ℃的饱和液体,放出汽化潜热,热泵的供热功率即多级蒸发系统的加热功率为 2 659 kW。在设计热泵时,可根据适应循环工质的热力性能合理地选取蒸发器的温度。

图 2.11 为热泵循环在温熵图上的表示,其中 1-2-3 表示工质在蒸发器中定压吸热汽化过程,3-4 为压缩机的压缩过程,4-5-6-7 为工质在冷凝器中的定压放热过程,7-1 为节流阀的等熵节流过程。为了便于理论计算,对图 2.11 中的四个过程进行如下假设:

(1) 工质在蒸发器和冷凝器中的相变过程为定压过程,不考虑压降的影响。

(2) 工质通过节流阀前后的焓不变。

(3) 各部件之间管道连接不考虑热损失。

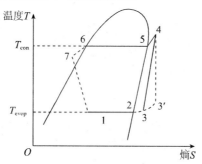

图 2.11　热泵工质理论循环图

2.3.2.2　系统工作参数的确定

系统的主要工作参数有蒸发温度 t_{evop}、冷凝温度 t_{con}、过冷温度 t_7、压缩机的吸气温度 t_3。下面通过制冷的基本理论确定以上参数。

(1) 蒸发温度 t_{evop}。

假定蒸发器与低温热源的换热温差 $\Delta t_{evop} = 10$ ℃,若低温热源温度为 87.5 ℃,则蒸发器中制冷剂的蒸发温度 t_{evop} 为 77.5 ℃。

(2) 冷凝温度 t_{con}。

由上面的工况可以确定冷凝温度 t_{con} 为 115 ℃。

(3) 过冷温度 t_7。

为了使制冷剂在冷凝器中能够充分冷凝和降低制冷剂经过膨胀阀后的汽化率,一般要求制冷剂经过冷凝器后有 3~5 ℃的过冷度,即过冷温度 $t_7 = t_{con} - 4 = 111$ ℃。

(4) 压缩机的吸气温度 t_3。

为了防止制冷剂进入压缩机发生液击,要求压缩机吸气有一定的放热过

热度,且过热度一般选为 5 ℃,即

$$t_3 = t_{\text{evop}} + 5 \tag{2.35}$$

(5) 制冷剂的质量流量。

制冷剂的质量流量主要由冷凝器的热负荷确定,其计算式为:

$$G = \frac{Q_1}{h_4 - h_7} \tag{2.36}$$

式中　G——制冷剂质量流量,kg/s;

　　　Q_1——冷凝器热负荷,kW;

　　　h_4——冷凝器进口焓值,kJ/kg;

　　　h_7——冷凝器出口焓值,kJ/kg。

(6) 压缩机的排气量。

压缩机的排气量 V 的计算公式为:

$$V = \frac{G\nu}{\eta} \tag{2.37}$$

式中　ν——压缩机吸气比体积,m³/kg;

　　　η——压缩机的容积效率,取 $\eta = 0.7$。

(7) 蒸发器的热负荷 Q_2。

蒸发器的热负荷 Q_2 的计算公式为:

$$Q_2 = G(h_3 - h_1) \tag{2.38}$$

式中　h_3——蒸发器出口焓值,kJ/kg;

　　　h_1——蒸发器进口焓值,kJ/kg。

(8) 蒸发器的传热面积 A_2。

蒸发器的传热面积 A_2 的计算公式为:

$$A_2 = \frac{Q_2}{k_0 \Delta t_0} \tag{2.39}$$

式中　k_0——蒸发器传热系数,取 $\lambda_0 = 1.8 \ \text{kW}/(\text{m}^2 \cdot ℃)$;

　　　Δt_0——蒸发器换热温差,℃。

(9) 压缩机的理论功率。

压缩机的理论功率 P 的计算公式为:

$$P = \frac{G(h_4 - h_3)}{\varepsilon} \tag{2.40}$$

式中　ε——压缩机功率的损失系数,取 $\varepsilon = 0.8$;

　　　h_3——压缩机的吸气比焓,kJ/kg;

　　　h_4——压缩机的排气比焓,kJ/kg。

（10）蒸发器水蒸气流量 m_0。

蒸发器水蒸气流量 m_0 的计算公式为：

$$m_0 = \frac{Q_2}{h_0'' - h_0'} \tag{2.41}$$

式中　h_0''——进入蒸发器的水蒸气的比焓，kJ/kg；

　　　h_0'——流出蒸发器的饱和水的比焓，kJ/kg。

2.3.2.3　计算结果与分析

在图 2.11 中，4 点为压缩机出口工质过热，以 R134a 为循环工质时过热度取 15 ℃，以 R152a 为循环工质时过热度取 20 ℃。低压压缩和高压压缩过程的绝热效率均为 0.85，蒸发器和冷凝器的保温系数均为 0.93，膨胀阀的效率为 0.95。7 点的过冷度按 3 ℃ 计算。因此，$COP_{修正} = COP_{计算} \times 0.85 \times 0.85 \times 0.85 \times 0.95$。

（1）以 R134a 为循环工质的各节点关键参数。

选取 R134a 为循环工质，采出水余热驱动的高温压缩式热泵的工艺节点参数计算结果见表 2.3。

表 2.3　R134a 为循环工质的节点参数

节　点	温度/℃	比焓/(kJ·kg⁻¹)	比熵/(kJ·kg⁻¹·K⁻¹)
1	—	35.43	
2	35	17.19	—
3	35	21.41	
3s	35	28.28	1.748
4	105	55.75	1.748
5	90	25.42	
6	90	42.93	
7	87	35.43	
$COP_{计算}$	3.5		
$COP_{修正}$	2.11		

图 2.12、图 2.13 和图 2.14 分别给出了高温压缩式热泵的 COP 随采出水温度、高温水温度和压缩机排气过热度的变化规律。其中，高温水温度对 COP 的影响最大，压缩机出口过热度对 COP 的影响比较小。油田采出水温度典型的范围为 40~50 ℃，理论 COP 为 4~5，实际 COP 为 2~3，因此高温水的温度为 80~90 ℃。高温压缩式热泵即使采用两级压缩、中间冷却，实际的 COP 也并不高。

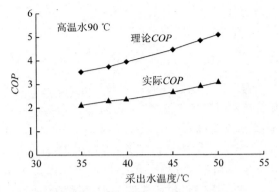

图 2.12　COP 随采出水温度的变化

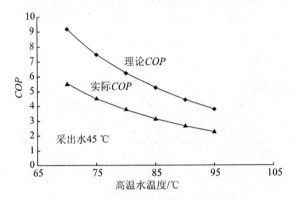

图 2.13　COP 随高温水温度的变化

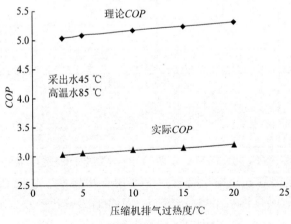

图 2.14　COP 随压缩机排气过热度的变化

（2）以 R152a 为循环工质的各节点关键参数。

选取 R152a 为循环工质，采出水余热驱动的高温压缩式热泵的工艺节点参数计算结果见表 2.4。与工质 R134a 相比，R152a 的高温制热性能较好。因此，选取合适的高温压缩工质对于改善高温热泵的经济性能是很重要的。

表 2.4　R152a 为循环工质的节点参数

节　　点	温度/℃	比焓/(kJ·kg^{-1})	比熵/(kJ·kg^{-1}·K^{-1})
1	—	369.02	—
2	35	528.70	—
3	35	528.75	
3s	35	539.79	2.112
4	110	583.93	2.112
5	90	542.06	
6	90	376.87	
7	87	269.02	
$COP_{计算}$	3.90		
$COP_{修正}$	2.34		

第3章 采出水余热回收系统
不同层面夹点分析

3.1 联合站采出水余热利用方案比选

油田大量的 35～65 ℃的低温采出水是重要的可再生能源。油田集输系统生产所消耗的能量大部分转移到油田采出水,因此油田采出水携带了大量的可资利用的能量。如果将这部分余能进行有效回收利用,必然会大幅度提高油田集输系统的能源利用率,降低生产能耗和成本。目前,油田采出水余能利用的难点是油田采出水温度水平与现有余热利用技术不匹配,而利用热泵技术回收余热可以直接用于油田生产。

夹点技术由热力学第二定律的基本原理发展而来,突出能量的品位属性,设计时尽可能减少过程中的不可逆损失,注重㶲效率的提高。夹点技术是一种成熟的过程系统用能分析方法,被广泛用于过程工业中,并且已经取得了显著的节能效果。目前,针对热泵系统已开展了大量基于热力学第一定律的热力分析和计算,而针对热泵系统进行夹点分析的研究很少。因此,有必要采用过程集成节能的分析方法对热泵换热工艺进行夹点分析,找出用能薄弱环节,进而降低公用工程用量,从而确定采出水余热驱动热泵的合理换热温差。

夹点分析及计算的目的不只是确定系统的节能潜力和最小公用工程,更是在夹点计算的基础上合理利用系统中的有效能量。对 G 油田某联合站来说,计算系统的节能潜力和夹点位置的目的就是回收采出水余热,合成系统可行的余热回收换热网络,从而确定 G 油田某联合站的余热回收方案。

3.1.1 联合站加热换热环节夹点分析

选取 G 油田某联合站运行工况下的原油沉降加热脱水及外输处理工艺作为系统模型,依据联合站综合日报表中的部分数据,确定联合站系统物流信息如下:

进站液量 22 604 m³/d ,进站含水 92.4%。

一次沉降后含水 40%，初始温度 46 ℃，目标温度 20 ℃。

二次沉降后含水 26%，初始温度 44 ℃，目标温度 20 ℃。

电脱后含水 1.15%，初始温度 73 ℃，目标温度 20 ℃。

脱水加热炉：初始温度 73 ℃，目标温度 20 ℃。

外输加热炉：初始温度 50 ℃，目标温度 72 ℃。

外输油量：1 717.9 m³/d。

3.1.1.1   问题表格法

参考板式换热器末端温差小的换热特性，根据经验初步选取夹点温差 $\Delta t_{min}=10$ ℃。环境平均温度约为 20 ℃。

（1）物流参数表。

物流参数见表 3.1。

表 3.1   物流参数表

物流编号和类型	热容流率 $CP/(kW \cdot ℃^{-1})$	初始温度/℃	目标温度/℃
1，热流	959.62	46	20
2，热流	26.33	44	20
3，热流	28.37	73	20
4，冷流	63.37	44	75
5，冷流	34.72	50	72

（2）温区排序。

a. 热流：73 ℃、46 ℃、44 ℃、20 ℃。

冷流：44 ℃、50 ℃、72 ℃、75 ℃。

b. 计算冷热流体的平均温度。

取传热温差 $\Delta t_{min}=10$ ℃，冷流温度加 $\frac{1}{2}\Delta t_{min}$，热流温度减 $\frac{1}{2}\Delta t_{min}$。

热流：68 ℃、41 ℃、39 ℃、15 ℃。

冷流：49 ℃、55 ℃、77 ℃、80 ℃。

（3）温度排序。

15 ℃、39 ℃、41 ℃、49 ℃、55 ℃、68 ℃、77 ℃、80 ℃。

（4）系统温区划分。

第 1 温区，80～77 ℃；第 2 温区，77～68 ℃；第 3 温区，68～55 ℃；第 4 温区，55～49 ℃；第 5 温区，49～41 ℃；第 6 温区，41～39 ℃；第 7 温区，39～15 ℃。

（5）热平衡计算。

计算每个温区的热平衡，以确定各个温区所需的加热量和冷却量。

计算公式为：

$$\Delta H_i = (T_i - T_{i+1})(\sum CP_C - \sum CP_H)_i \qquad (3.1)$$

式中　　ΔH_i——第 i 温区所需的外加热量，kW；

　　　　$\sum CP_C$、$\sum CP_H$——该温区内的冷、热物流热容流率之和，kW/℃；

　　　　T_i、T_{i+1}——该温区的进、出口温度 ℃。

温区 1：$\Delta H_1 = 63.37 \times (80-77) \ kW = 190.11 \ kW$

温区 2：$\Delta H_2 = (34.72+63.37) \times (77-68) \ kW = 882.81 \ kW$

温区 3：$\Delta H_3 = (34.72+63.37-28.37) \times (68-55) \ kW = 906.36 \ kW$

温区 4：$\Delta H_4 = (63.37-28.37) \times (55-49) \ kW = 210 \ kW$

温区 5：$\Delta H_5 = -28.37 \times (49-41) \ kW = -226.96 \ kW$

温区 6：$\Delta H_6 = (-28.37-959.62) \times (41-39) \ kW = -1\ 975.98 \ kW$

温区 7：$\Delta H_7 = (-28.37-959.62-26.33) \times (39-15) \ kW$

$$= -24\ 343.68 \ kW$$

(6) 外界无热量输入时各温区之间的热通量计算。

外界无热量输入时各温区之间的热通量计算表见表 3.2。

表 3.2　外界无热量输入时各温区之间的热通量计算表

温　区	输入热量/kW	输出热量/kW
1	0	−190.11
2	−190.11	−1 072.92
3	−1 072.92	−1 979.28
4	−1 979.28	−2 189.28
5	−2 189.28	−1 962.32
6	−1 962.32	13.66
7	13.66	24 357.34

(7) 确定最小加热公用工程用量。

消除输入热量为负值的情况，使各温区的热通量大于或等于 0，得到最小加热公用工程量为 2 189.28 kW。

(8) 各温区之间的热通量计算。

各温区之间的热通量计算表见表 3.3。

表 3.3　各温区之间的热通量计算表

温　区	输入热量/kW	输出热量/kW
1	2 189.28	1 999.17
2	1 999.17	1 116.36
3	1 116.36	210

温　区	输入热量/kW	输出热量/kW
4	210	0
5	0	226.96
6	226.96	2 202.94
7	2 202.94	26 546.62

（9）定夹点位置。

温区 4 和温区 5 之间的热通量为零,此处即夹点。夹点处冷热物流平均温度为 49 ℃(对应的热流温度为 54 ℃,冷流温度为 44 ℃)。

由最终温区输出的热量 26 546.62 kW 为最小的冷却公用工程量,也就是要将原油采出水冷却到环境温度还需要 26 546.62 kW 的冷量,即原油脱出水中仍含有 26 546.62 kW 的低品位热源未被回收利用。最小加热公用工程量为 2 189.28 kW。

3.1.1.2　换热网络合成

目前,在 G 油田某联合站的运行状况下,电脱加热、外输加热、采暖热水全部采用水套炉加热,而按照计算结果显示的夹点位置(47～52 ℃),夹点之上有冷却公用工程,属于不合理的用能环节,因此需要进行改造。

选取夹点温差 $\Delta t = 10$ ℃时的计算结果,初步合成 G 油田某联合站的采出水余热回收利用换热网络。$\Delta t = 10$ ℃时的夹点平均温度为 49 ℃(热流温度为 54,冷流温度为 44 ℃)。

（1）夹点之上的换热网络设计。

夹点之上具有冷流 2 股、热流 1 股,满足物流数目准则,即热流数目小于冷流数目。用该热流与任何一股冷流匹配,均满足热容流率准则 N_H(热物流数目)$\leqslant N_C$(冷物流数目),因而可构成两种匹配,如图 3.1 所示。

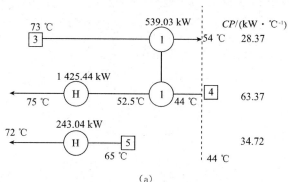

(a)

图 3.1　夹点之上换热网络子系统

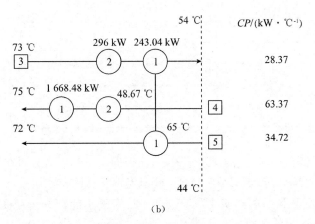

(b)

图 3.1(续)　夹点之上换热网络子系统

(框内数字表示温区标号,圈内数字表示换热器标号,H 表示热流体)

　　图 3.1(a)中,物流 3 与物流 4 匹配,换完物流 3 中的热量后,物流 4 所剩负荷由加热公用工程完成。物流 5 没有热流进行匹配,需要由单独的加热器将其加热到目标温度。夹点之上共需要 2 台加热器、1 台换热器,总加热公用工程为 1 668.48 kW。

　　图 3.1(b)中,物流 3 先与物流 5 匹配,换完物流 5 中的热负荷后,物流 3 所剩负荷再与物流 4 匹配,换完物流 3 中的热量后,物流 4 所剩负荷由加热公用工程完成,需要由单独的加热器将其加热到目标温度。夹点之上共需要 1 台加热器、2 台换热器,总加热公用工程为 1 668.48 kW。

　　(2)夹点之下的换热网络设计。

　　夹点之下具有热流 3 股,没有冷流,满足物流数目准则。3 股物流均需直接采用冷却器使之达到目标温度。夹点之下共需要 3 台冷却器,总冷却公用工程为 26 546.62 kW。夹点之下的换热网络子系统图如图 3.2 所示。

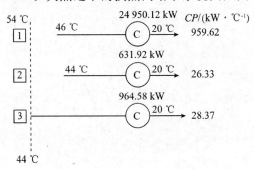

图 3.2　夹点之下换热网络子系统

(C 表示冷凝器)

　　综合夹点之上及夹点之下的换热网络,得到系统的整个换热网络,如图

3.3(a)所示,将电脱水器的采出水送入换热器 1 来代替脱水加热炉的部分负荷,整个换热网络包含 1 个换热单元、2 个加热单元、3 个冷却单元。图 3.3 (b)将电脱水器的采出水分别送入换热器 1 和换热器 2 来代替外输加热炉和脱水加热炉的部分负荷。

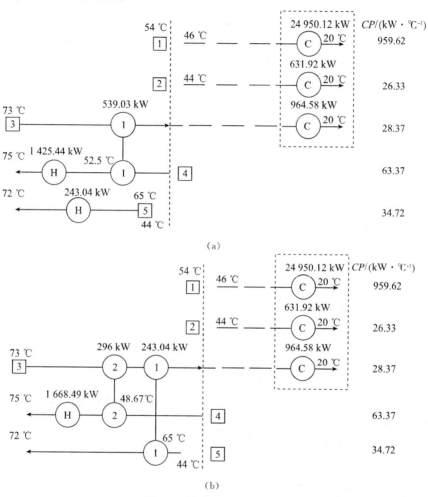

图 3.3　换热网络整体方案

从换热网络的示意图中可以看出,直接采用换热器回收某联合站的采出水余热,其回收量是有限的。因为采出水余热品质较低,应用范围只限于代替外输加热炉或脱水加热炉的部分热量,而大量的余热仍直接排放到环境中。考虑到联合站运行工艺的具体要求,为了实现负荷较小的预热而改动工艺的运行模式是不符合应用实际的。因此,仅通过板式换热器直接回收联合站采出水余热进行循环利用对整个系统的节能降耗意义不大。

3.1.2　改造方案

初步合成的换热网络只是以某一天为例的,不具有普遍性,不能直接作为改造方案,只能为系统节能改造方案的确定提供参考意见。改造方案的提出要紧密结合现场实际,综合考虑系统在不同季节、不同时段的运行状况,还要充分考虑改造内容的可操作性等因素。本节结合初步合成的换热网络与某联合站的实际运行状况,提出两种具有代表性的改造方案。

3.1.2.1　改造方案一

图 3.3 所示的两种匹配均能实现最小加热公用工程目标和换热单元数目目标,但换热面积不同,可操作性也不同。从投资费用上考虑,由于总换热面积不同,方案 3.3(b)换热器的投资费用较高;从可操作性角度考虑,方案 3.3(a)要优于方案 3.3(b),因为其在两股冷流上均设有加热器。

通过以上分析,采用如图 3.3(a)所示方案,新建一台板式换热器:换热器1用于代替脱水加热炉的部分负荷,站内其他工艺流程不变。具体换热网络如图 3.4 所示。

在非采暖季节和采暖季节,换热器 1 用于加热进入脱水加热炉的油水混合液,热流为电脱水器的采出水,实际负荷约为 600 kW。换热器设计负荷要满足年最大实际负荷的运行要求。假设换热器 1 的设计负荷取 700 kW,则可计算出方案一年节约能量约为 2.16×10^5 kW·h。

3.1.2.2　改造方案二

G 油田某联合站夹点分析的结果表明,直接回收利用最大热回收量都比较小,系统还存在巨大的节能潜力,而热泵的研制和推广给联合站采出水余热回收指明了方向。由于热采出水资源距离原油加热区更近,且原油生产是常年性的,而联合站内油水的分离以及原油的输送过程都需要进行加热,两过程中大都不需要将被加热介质加热到较高的温度,因此通过热泵技术提取采出水中的余热用于油水的分离以及原油输送过程的加热来节约能量是非常有意义的。根据油田采出水水温为 50~70 ℃,原油加热温度一般为 60~80 ℃,且联合站一般有蒸汽锅炉等条件,可采用耗电量非常小、依靠热能作为主要驱动能源的第一类吸收式热泵。如图 3.5 所示,该供热系统由第一类吸收式热泵、蒸汽锅炉、采出水换热器以及相关设备组成。

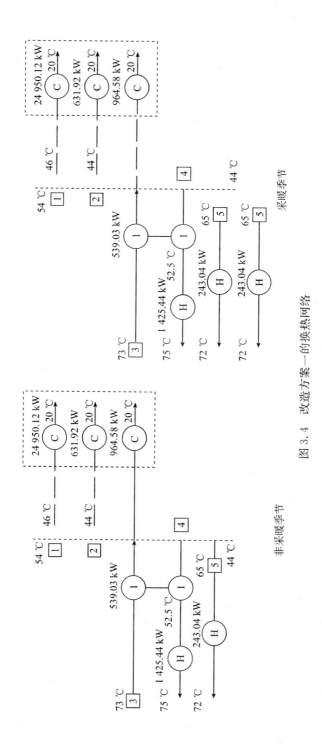

图 3.4　改造方案一的换热网络

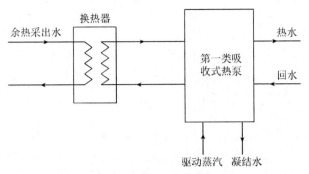

图 3.5 联合站采出水余热回收系统

全部取消联合站的加热炉,改用第一类吸收式热泵回收剩余采出水余热,将节能潜力进行合理利用。加热炉的热负荷仍由换热器 1 来承担一部分,而外输加热负荷、采暖季节站内供暖以及电脱加热炉的大部分热负荷均由高温水源热泵承担。从夹点计算结果可以看出,G 油田某联合站加热炉承担的最大加热负荷约为 3 000 kW,因此按照热水 80 ℃进、68 ℃出,蒸发器一次进水温度 40 ℃、出水温度 45 ℃的运行模式,选用热负荷 3 000 kW 的热泵 1 台。选用 3 台换热器,其中换热器 3 用于回收采出水余热,置换出供热泵机组用一次水,另外 2 台换热器分别用于外输加热负荷、电脱加热炉的热负荷。为了满足热泵机组一次水的供水需求,换热器 3 的设计负荷约为 2 000 kW。加热炉的设计负荷约为 1 600 kW。加热器 5 用于外输加热负荷,设计负荷约为 800 kW。热泵出水分支 6 直接用于供暖,设计负荷为 600 kW。具体换热网络如图 3.6 所示。

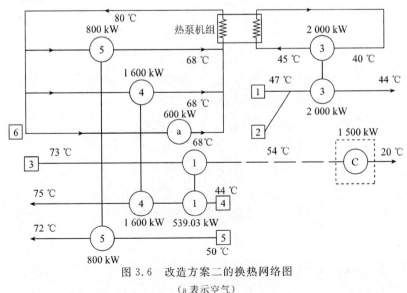

图 3.6 改造方案二的换热网络图

(a 表示空气)

非采暖季节可直接停用分支 6,热泵置换出的热水全部用于换热器 4 和 5,同样可以根据加热负荷的变化对热泵机组的运行参数进行调节。

热泵位置跨越夹点,符合热泵的布置准则。换热器 4 和 5 均处于夹点之上,换热器 3 处于夹点之下,换热器 1 随着季节波动,可能会出现跨越夹点的传热,但对整个联合站的用能状况影响不大。

从以上的分析可知,通过对联合站的换热网络进行夹点分析回收了部分余热,以及热泵机组消耗少量的电能提升了采出水的品质,用于站内原油的脱水加热、外输加热和供暖,取代了原来所有的加热炉,节省了燃料消耗,提高了热能利用率。孤岛油田某区集输系统三环节指标对比见表 3.4。

表 3.4　孤岛油田某区集输系统三环节指标

采出水余热回收前		采出水余热回收后	
能量转化效率	68.78%	能量转化效率	82.13%
能量回收利用率	6.45%	能量回收利用率	15.09%
输入燃料能	6 084.2 kW	输入燃料能	2 187.2 kW

3.2　吸收式热泵换热温差优化分析

3.2.1　第一类吸收式热泵夹点分析优化

典型的第一类吸收式热泵工艺流程如图 3.7 所示。吸收式热泵主要由发生器、冷凝器、蒸发器、吸收器构成。高温热源产生的蒸汽在发生器中加热由吸收器来的稀溶液,产生冷剂蒸汽进入冷凝器,余下的浓溶液则经溶液热交换器返回吸收器中;冷剂蒸汽在冷凝器中被外界的冷凝水冷却变成冷剂水,经节流进入蒸发器;蒸发器中压力很低,冷剂水在蒸发器内吸收低温冷冻水的热量而汽化,产生的冷剂蒸汽被吸收器中的中浓度的溶液吸收,在吸收器中形成稀溶液,稀溶液又流入发生器进入下一循环。整个过程中由外界吸入的热量全部由冷却水带出系统,即实现由少量的高温热量和大量的低温废热制取中温热量的目的。图 3.7 中,数字 1~15 分别表示工质在热力循环过程的各个节点。

根据第一类吸收式热泵系统循环流程(图 3.7),提取的热泵换热网络全部的冷、热物流及节点参数见表 3.5。

3.2.1.1　第一类吸收式热泵换热网络夹点分析

鉴于表 3.5 中较多的物流参数,若使用温焓图来确定夹点则比较烦琐,而且不能达到很高的准确度,因此本文采用问题表格法来确定夹点,其具体方法如下。

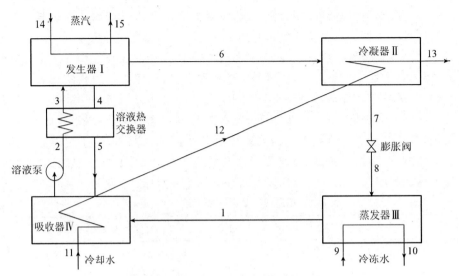

图 3.7　第一类吸收式热泵系统循环流程图

表 3.5　第一类吸收式热泵物流参数

物流编号	物流名称	状态点	初始温度/℃	目标温度/℃	焓差/kW	热容流率/(W·℃⁻¹)
H_1	冷凝器入口汽	6→Ⅱ	91.75(汽)	45(汽)	2.268	48.513
H_2	冷凝器(汽→液)	Ⅱ→7	45(汽)	45(水)	59.848	—
H_3	吸收器(汽→液)	1→Ⅳ	5(汽)	5(水)	62.218	—
H_4	发生器出口浓溶液	4→2	96(水)	40(水)	38.179	681.768
C_1	蒸发器(液→汽)	8→1	5(水)	5(汽)	62.218	—
C_2	吸收器水自加热	Ⅳ	5(水)	40(水)	3.662	104.629
C_3	吸收器出口稀溶液	2→4	40(水)	96(水)	40.794	728.464
C_4	发生器(液→汽)	Ⅰ→6	91.75(水)	91.75(汽)	56.954	—

(1)将热泵换热网络的全部冷、热物流温度按照升序进行排列,计算出冷、热物流的平均温度,同时为了保证换热网络中冷、热物流间的热通量不小于 0,即始终有 $\Delta T_{\min}$ 的传热温差,令热物流温度 $-\Delta T_{\min}/2$、冷物流温度 $+\Delta T_{\min}/2$。通过计算得到的冷、热物流的平均温度也按照升序进行排列,两个温度之间作为一个温区。

(2)分别对各个温区用以下公式进行热量衡算:

$$\Delta H_k = \left(\sum CP_{\text{cold}} - \sum CP_{\text{hot}} \right)(T_k - T_{k+1}) \quad (k = 1,2,\cdots,K) \quad (3.2)$$

式中　ΔH_k——第 k 个温区所需外加热量,kW;

$\sum CP_{\text{cold}}$——第 k 个温区中所有冷物流的热容流率之和,kW/℃;

$\sum CP_{\text{hot}}$——第 k 个温区中所有热物流的热容流率之和,kW/℃;

T_k、T_{k+1}——第 k 个温区的进、出口温度,℃;

K——温区总数。

(3) 进行热级联计算和确定最小加热公用工程用量。计算外界无热量输入时各温区之间的热通量,取绝对值最大且为负的热通量的绝对值作为所需外界加入的最小热量,即最小加热公用工程用量。将最小加热公用工程用量从第一个温区输入,然后计算各温区之间的热通量,由最后一个温区流出的热量就是最小冷却公用工程用量。

(4) 计算得到的两个温区之间热通量为零处即夹点。

从问题表格 3.6 中可以发现,当夹点温差为 20 ℃时,该热泵系统的夹点出现在子网 4 和 5 之间,返回问题表格中找到子网 4 和 5 之间的温度线,其显示冷流温度为 71.75 ℃,热流温度为 91.75 ℃。至此,得到了系统的夹点位置及夹点处冷、热流的温度。下面将对热泵的换热网络进行优化分析。

表 3.6　问题表格

子网序号	焓差 $\Delta H_k/\text{kW}$	无外界输入热量		有外界输入热量	
		输入热量 I_k/kW	输出热量 O_k/kW	输入热量 I_k/kW	输出热量 O_k/kW
SN$_1$	3.096	0.000	−3.096	71.722	68.626
SN$_2$	56.954	−3.096	−60.050	68.626	11.672
SN$_3$	11.473	−60.050	−71.523	11.672	0.199
SN$_4$	0.198	−71.523	−71.722	0.199	0.000
SN$_5$	−0.058	−71.722	−71.664	0.000	0.058
SN$_6$	−9.385	−71.664	−62.279	0.058	9.443
SN$_7$	−59.848	−62.279	−2.431	9.443	69.291
SN$_8$	−2.886	−2.431	0.454	69.291	72.176
SN$_9$	1.569	0.454	−1.115	72.176	70.607
SN$_{10}$	62.218	−1.115	−63.333	70.607	8.389
SN$_{11}$	0.000	−63.333	−63.333	8.389	8.389
SN$_{12}$	−62.218	−63.333	−1.115	8.389	70.607

图 3.8 为原始换热网络,其夹点温差为 16 ℃,冷、热流的温度分别为 40 ℃和 56 ℃。结合过程系统能量回收最大化的基本原则,对原始换热网络进行分析,可以发现原始换热网络存在以下不合理之处:夹点之下(图 3.8 中的虚线右侧)存在加热器 H$_1$、H$_2$,即热源中有热量流入,这是不合理的,根据夹点技术的基本理论可知这不利于能量的最优利用。因此,原热泵换热网络存在设计的不合理之处,不利于系统节能,应结合夹点技术进行优化处理。

3.2.1.2　第一类吸收式热泵换热网络调整

减小夹点温差有利于提高能量的回收率,但夹点温差的减小意味着换热

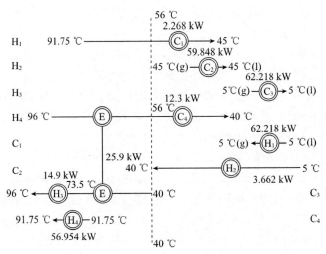

图 3.8　热泵系统原始换热网络
（双圆圈表示原始换热网络，E 表示换热器）

器中冷、热流的换热温差减小，因此要求更大的换热面积，改造成本会相应增加。结合能源、经济现状进行合理分析，选定调优后的热泵系统夹点温差为 20 ℃。此时，夹点处冷、热流体的温度分别为 71.75 ℃ 和 91.75 ℃，最小公用工程加热负荷为 71.722 kW，最小公用工程冷却负荷为 70.607 kW。具体优化过程如下。

在夹点之上，图 3.9 中有一股热流和两股冷流，满足夹点之上 N_H（热物流数目）$\leqslant N_C$（冷物流数目）的条件，夹点之上的物流相匹配时要求 CP_H（热物流热容流率）$\leqslant CP_C$（冷物流热容流率），且根据经验应尽量使热容流率值相近的冷热物流进行匹配换热，故设计在冷流 C_3 和热流 H_4 之间加一换热器，其热负荷为 2.898 kW，可以使热流 H_4 的温度降到热流夹点温度 91.75 ℃，同时使冷流 C_3 的温度由夹点温度升高到 75.73 ℃。冷流 C_3 的温度由 75.73 ℃ 升高到 96 ℃ 所需的热量由外界加热公用工程提供。

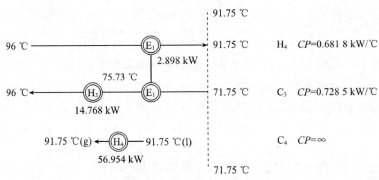

图 3.9　夹点之上的换热网络

在夹点之下,图 3.10 中有 4 股热流和 3 股冷流,满足夹点之下 $N_H \geqslant N_C$ 的条件,夹点之下物流匹配时要求 $CP_H \geqslant CP_C$。按照经验法则,在热流 H_1 和冷流 C_3 之间架设 1 台换热器,换热器的负荷为 21.646 kW,由此可以使冷流升温到 71.75 ℃,热流温度则降低为 60 ℃,其余热量由公用冷却工程带走。优化后的换热网格如图 3.11 所示。

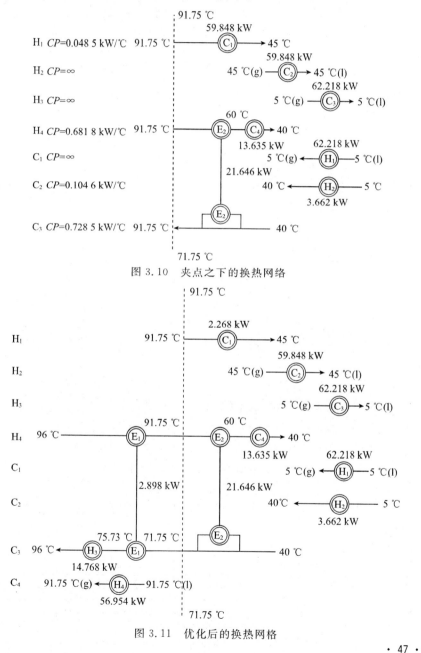

图 3.10　夹点之下的换热网络

图 3.11　优化后的换热网格

在夹点之下还有两股冷流,即 C_1 和 C_2,它们分别表示蒸发器中水的汽化和吸收器中水的液化后的温度升高。C_1 不能用热泵内部的物流来加热,因为这是第一类热泵的制冷过程,如果用内部的热流来将其加热,则将大大减小热泵的制热功率,这显然不是优化的目的。对于 C_2,物流液化后的温度自然升高,不属于需要加热的内容。即从热泵自身的原理来讲,这些物流必须要使用公用加热工程来加热,在热泵系统的夹点之下必须要有加热器,而这一点又与夹点技术夹点之下不能有加热器的准则相违背。

3.2.2　采出水余热驱动第二类吸收式热泵夹点分析优化

本设计中所采用的第二类吸收式热泵系统的计算示例流程如图 3.12 所示。其中,数字 1~16 分别表示工质在热力循环过程的各个节点。

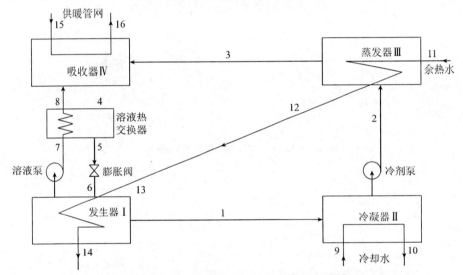

图 3.12　第二类吸收式热泵系统循环流程图

在进行夹点分析时,先不考虑系统中已经存在的溶液热交换器,根据前述热力计算结果中得到的节点数据,找出系统内全部的物流数据,见表 3.7。

表 3.7　第二类吸收式热泵系统的物流参数

物流编号	物流名称	状态点	初始温度/℃	终了温度/℃	焓差/kW	热容流率 CP /(kW·℃$^{-1}$)
H_1	发生器产生汽	I→II	44(汽)	15(汽)	46.64	1.608
H_2	冷凝器(汽→液)	II→2	15(汽)	15(水)	2 137.48	—
H_3	吸收器(汽→液)	3→IV	48(汽)	48(水)	2 069.58	—
H_4	吸收器出口稀溶液	4→I	74(水)	44(水)	788.03	26.268

续表

物流编号	物流名称	状态点	初始温度 /℃	终了温度 /℃	焓差 /kW	热容流率 CP /(kW·℃$^{-1}$)
C_1	蒸发器入口水	2→Ⅲ	15(水)	48(水)	119.66	3.626
C_2	蒸发器(液→汽)	Ⅲ→3	48(水)	48(汽)	2069.58	—
C_3	发生器出口浓溶液	7→Ⅳ	44(水)	74(水)	628.309	20.944
C_4	发生器(液→汽)	Ⅰ→1	44(水)	44(汽)	2 077.82	—
C_5	吸收器水自加热	Ⅳ	48(水)	74(水)	94.349	3.629

由温焓图法来定性表示系统夹点,如图 3.13 所示。

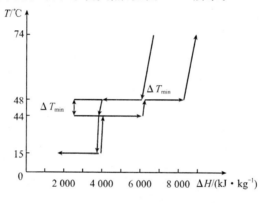

图 3.13 系统温焓图

取夹点温差为 4 ℃,画出系统的问题表格(一),见表 3.8。

表 3.8 问题表格(一)

子网序号	冷物流					热物流			
SN_1		C_3		C_5	74	78			
SN_2					70	74			
SN_3	C_1	C_2			48	52			
SN_4					48	52			
SN_5				C_4	44	48	H_3		
SN_6					44	48			H_4
SN_7					40	44			
SN_8					15	19			
SN_9					11	15	H_1	H_2	

注:表中数据的单位为 kW/℃。

在此需说明一点,因为热泵系统中涉及有相变的物流,所以本设计在处理相变物流时所使用的方法是:在发生相变的温度点处多划分出一个温度区间,在计算该温区内亏损热量时由于对应温区温差为零,因此只计入相变物流的相变热,对于不发生相变的温区,其计算方法和计算值与无相变时一样。根据问题表格(一),计算系统中各网格内的赤字量 D_k、网格的输入热量 I_k、输出热量 O_k,见表 3.9。

表 3.9　问题表格(二)

子网序号	D_k/kW	无外界输入热量		有外界输入热量	
		I_k/kW	O_k/kW	I_k/kW	O_k/kW
SN$_1$	98.292	0.000	−98.292	2 132.042	2 033.750
SN$_2$	−37.290	−98.292	−61.002	2 033.750	2 071.040
SN$_3$	2 069.508	−61.002	−2 130.510	2 071.040	1.532
SN$_4$	−6.792	−2 130.510	−2 123.718	1.532	8.324
SN$_5$	8.324	−2 123.718	−2 132.042	8.324	0.000
SN$_6$	−90.568	−2 132.042	−2 041.474	0.000	90.568
SN$_7$	50.450	−2 041.474	−2 091.924	90.568	40.118
SN$_8$	−6.432	−2 091.924	−2 085.492	40.118	46.550
SN$_9$	−2 137.488	−2 085.492	51.996	46.550	2 184.038

从问题表格(二)中可以找到,当夹点温差为 4 ℃ 时,该热泵系统的夹点出现在子网 5 和 6 之间,返回到问题表格(一)中找到子网 5 和 6 之间的温度线,其显示冷流温度为 44 ℃,热流温度为 48 ℃。至此,得到了系统的夹点位置及夹点处冷、热流的温度。

下面将对热泵的换热网络进行优化分析。在开始分析之前,先来看一下原始换热网络都有哪些不合理之处。原始换热网络夹点温差为 5 ℃,其冷、热流温度分别为 69 ℃ 和 74 ℃,如图 3.14 所示。

结合过程系统能量回收最大化的基本原则,对原换热网络进行分析,可以发现,原换热网络存在以下不合理之处:夹点之下(图 3.14 中的虚线右侧)存在加热器 H$_1$、H$_2$、H$_4$,即热源中有热量流入,这是不合理的。根据夹点技术的基本理论,这不利于能量的最优利用。因此,原热泵换热网络存在设计上的不合理之处,不利于系统节能,应结合夹点技术进行优化处理。

减小夹点温差有利于提高能量的回收率,但夹点温差的减小意味着换热器中冷、热流的换热温差减小,因此要求更大的换热面积,改造成本会相应增加。

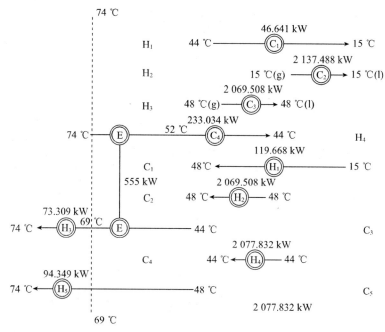

图 3.14　热泵系统原始换热网络

结合能源、经济现状进行合理分析,选定调优后的热泵系统夹点温差为 4 ℃。此时,夹点处冷、热流体的温度分别为 44 ℃ 和 48 ℃,最小公用工程加热负荷为 2 132.042 kW,最小公用工程冷却负荷为 2 184.038 kW。具体优化过程如下。

在夹点之下,图 3.15 中有 4 股热流和 1 股冷流,满足夹点之下 $N_H \geqslant N_C$ 的条件,夹点之下的物流相匹配时要求 $CP_H \geqslant CP_C$,且根据经验应尽量使热容流率值相近的冷、热物流进行匹配换热,故设计时在冷流 C_1 和热流 H_4 之间增加 1 个换热器,其热负荷为 105.072 kW,可以使热流 H_4 的温度降到目标温度 44 ℃,同时使冷流 C_1 的温度升高到夹点温度 44 ℃。

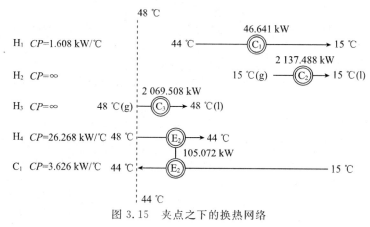

图 3.15　夹点之下的换热网络

在夹点之上,图 3.16 中有 5 股冷流和 1 股热流,满足夹点之上 $N_H \leqslant N_C$ 的条件,夹点之上的物流相匹配时要求 $CP_H \leqslant CP_C$,同样应尽量使热容流率值相近的冷、热物流进行匹配换热。但由于夹点之上的热流 H_4 的热容流率大于任何一股无相变的冷流的热容流率,因此应将热流 H_1 进行分流,使其部分与冷流 C_3 换热。进行热交换后,热流 H_4 的温度降低到 53.3 ℃,所以此处需加装节流阀,根据经验留有约 5 ℃ 的温差,此时冷流 C_3 的温度升高到 70 ℃,剩余热量由公用加热工程提供。优化后的换热网络如图 3.17 所示。

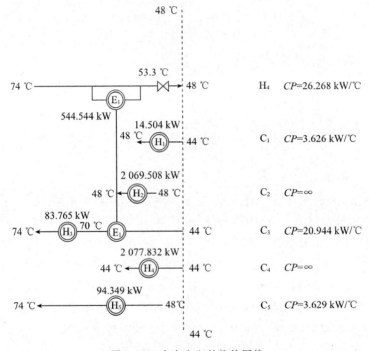

图 3.16 夹点之上的换热网络

3.2.3 换热温差对采出水余热驱动热泵夹点温度的影响分析

由前面的分析可以看出,当夹点温差变化时,系统夹点的位置也会随之改变。本节将针对于具体的热泵系统夹点位置随温度的变化关系展开研究,得出其一般规律。

3.2.3.1 第二类吸收式热泵系统夹点温度随温差的依变关系

在分析第二类吸收式热泵时,取夹点温差的范围为 0~10 ℃,每间隔 2 ℃ 取一个温差,求取各温差下的夹点位置。将各温差下求得的夹点参数汇总,结果见表 3.10。

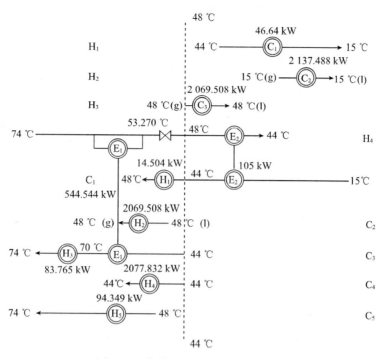

图 3.17　优化后的热泵系统换热网络

表 3.10　夹点参数汇总

夹点温差 /℃	夹点冷物流 温度/℃	夹点热物流 温度/℃	夹点平均 温度/℃	公用加热 工程 Q_h/kW	公用冷却 工程 Q_c/kW
0.0	15.0	15.0	15.0	2 085.492	2 137.488
2.0	15.0	17.0	16.0	2 088.708	2 140.704
3.0	44.0	47.0	45.5	2 105.774	2 157.770
4.0	44.0	48.0	46.0	2 132.042	2 184.038
6.0	44.0	50.0	47.0	4 254.086	4 306.082
8.0	44.0	52.0	48.0	4 306.622	4 358.618
10.0	44.0	54.0	49.0	4 359.158	4 411.154

夹点温度和公用工程负荷随夹点温差的变化如图 3.18~图 3.20 所示。

3.2.3.2　第一类吸收式热泵系统夹点温度随温差的依变关系

　　第一类吸收式热泵的分析方法与第二类吸收式热泵的分析方法相同,也是先在 0~10 ℃之间每隔 2 ℃取一个点进行计算,但实际计算时发现在此范围内的夹点得不出正确的结果。经过分析,认为可能是夹点温差范围选取得

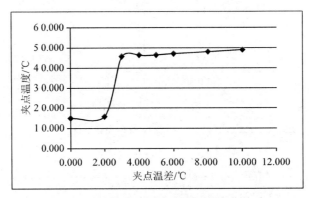

图 3.18　夹点温度随夹点温差的变化关系

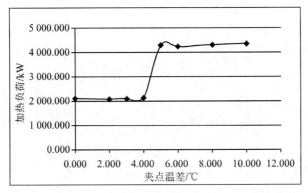

图 3.19　最小公用工程加热负荷随夹点温差的变化关系

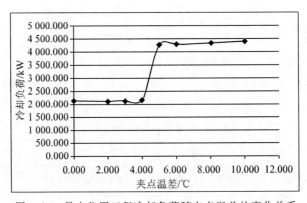

图 3.20　最小公用工程冷却负荷随夹点温差的变化关系

不合适,于是将夹点温差调整到 10～30 ℃,每间隔 4 ℃取一个点进行计算。将各温差下求得的夹点参数汇总,结果见表 3.11。

表 3.11　夹点参数汇总

夹点温差 /℃	夹点冷物流 温度/℃	夹点热物流 温度/℃	夹点平均 温度/℃	最小公用工程 加热负荷 Q_h/kW	最小公用工程 冷却负荷 Q_c/kW
0.0	91.75	91.75	91.75	57.152	58.407
4.0	5.00	9.00	7.00	63.333	62.218
8.0	5.00	13.00	9.00	63.333	62.218
10.0	5.00	15.00	10.00	63.333	62.218
14.0	77.75	91.75	84.75	67.351	66.236
18.0	73.75	91.75	82.75	70.265	69.150
20.0	71.75	91.75	81.75	71.722	70.607
22.0	69.75	91.75	80.75	73.179	72.064
26.0	65.75	91.75	78.75	76.093	74.978
30.0	61.75	91.75	76.75	79.006	77.891

夹点温度和公用工程负荷随夹点温差的变化如图 3.21~图 3.23 所示。

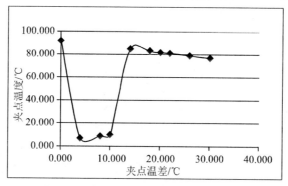

图 3.21　夹点温度随夹点温差的变化关系

由于过小的夹点温差使得夹点分析失去意义,所以在第二类吸收式热泵系统中认为夹点温差小于 3 ℃时不具有参考价值,在第一类吸收式热泵系统中认为夹点温差小于 14 ℃时不具有参考价值,在后面的分析中应将其剔除。

从图 3.21 中也可以看出,对于第二类吸收式热泵系统,随夹点温差的加大,夹点温度逐渐升高,仔细分析数据可以发现,在夹点温差的加大过程中夹点处的冷流温度不发生变化,而热流温度是逐渐升高的,因此导致夹点温度逐渐升高。然而对于第一类吸收式热泵系统,规律却刚好与之相反,随夹点温差的加大,夹点温度表现为逐渐降低,其数据显示在夹点温差的加大过程中夹点处的热流温度不变而冷流温度降低,因此导致夹点温度逐渐降低。

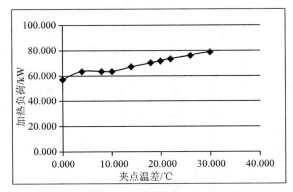

图 3.22 最小公用工程加热负荷随夹点温差的变化关系

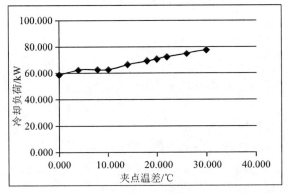

图 3.23 最小公用工程冷却负荷随夹点温差的变化关系

分析导致两类热泵系统夹点温度随夹点温差的改变而表现出不同变化规律的原因,可知两类热泵的基本原理是一致的,都是工作在高、低温热源之间,但是第一类热泵工作的温度区间要比第二类热泵的大得多,且高温和低温的值都比第二类热泵的更高或更低,夹点位置处的冷、热流温差也比第二类的大得多,这些都有可能导致两类热泵表现出不同的变化规律。

分析两类热泵最小公用工程加热负荷和最小公用工程冷却负荷的曲线图可知,随夹点温差的增大,二者均有上升的趋势,这一结果符合我们普遍的认知:夹点温差增大代表着换热器的换热温差加大,换热温差的加大一方面使得系统中可以换热的物流减少,即回收利用的热量减少,另一方面使得换热过程中的损失加大,同样使公用工程加热负荷和冷却负荷增加。

第4章 热泵供热系统运行参数优化

4.1 高温压缩式热泵采出水余热利用系统优化

4.1.1 压缩式热泵工质循环方式优选

在 70 ℃以上的高温区域,工质 R245fa 在各种不同循环方式中的总体特性优良。下面针对工质 R245fa 进行高温下循环方式的优选比较。

根据图 4.1 所示的工质循环性能随冷凝温度的变化规律可以看出,对于工质 R245fa,尤其在高温性能方面,两次节流不完全冷却的循环模式综合性能最好。

4.1.2 压缩式热泵加热系统优化模型及优化方法

定义目标函数 F,用以综合反映初投资和运行费用因素的影响。

$$F = \frac{Q_h}{C_i + C_e} \tag{4.1}$$

式中 F——一年中每元钱所产生的热量;

Q_h——热泵一年内供给的热量;

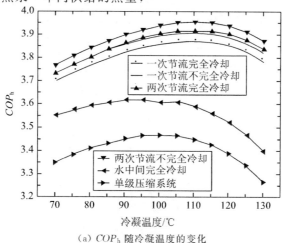

(a) COP_h 随冷凝温度的变化

图 4.1 工质 R245fa 循环性能系数随冷凝温度的变化

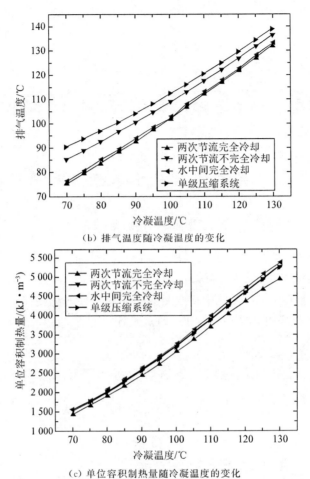

（b）排气温度随冷凝温度的变化

（c）单位容积制热量随冷凝温度的变化

图4.1（续）　工质R245fa循环性能系数随冷凝温度的变化

C_i——初投资每年的折旧费；

C_e——每年消耗的电费。

当机组额定制冷（热）量不变时，机组内部连接管道以及膨胀阀等部件的成本基本不随机组结构的改变而改变，可作为常数加到机组总成本中，对机组的优化过程不产生影响，因此这里 C_i 只包括换热器的折旧费。

对于水-水热泵性能参数，很多研究并没有将水泵的功率考虑在内，这是不全面的。事实上，水泵耗功占整个热泵系统耗功的比重较大，不容忽视。本书中将热泵性能系数定义如下：

$$COP = \frac{q_h}{W + N_e + N_c} \tag{4.2}$$

$$N_c = \frac{\gamma Q_c H_c}{1\,000\eta_c} \tag{4.3}$$

$$N_e = \frac{\gamma Q_e H_e}{1\,000\eta_e} \qquad\qquad (4.4)$$

式中　q_h——热泵制热功率，kW；

　　　W——压缩机的耗电功率，kW；

　　　N_e、N_c——蒸发器和冷凝器的水泵功耗，kW；

　　　γ——水的重度，N/m^3；

　　　Q_e、Q_c——蒸发器和冷凝器的水泵流量，m^3/s；

　　　H_e、H_c——冷冻水泵和冷却水泵的扬程，m；

　　　η_e、η_c——蒸发器水泵和冷凝器水泵的工作效率。

以 F 为目标函数，以上面定义的 COP_h 为性能参数，可使热泵系统的优化设计实现节能节材的目的。本节将以 R134a 为工质，对水-水高温热泵系统进行优化设计，旨在通过权衡初投资和运行费用，寻求最佳的经济方案，并提出系统改进的方向和措施。在指定并保持外部载热流体入口温度不变的情况下，改变两器工质出口温度即两器出口端温差 Δt_1 和 Δt_2，搜索 F 最高的工况，并将其视为最优工况。

这里共有 6 个独立变量：过热度 t_{sup}、过冷度 t_{sub}、蒸发器水流量 M_e、冷凝器水流量 M_c、Δt_1 和 Δt_2。其中，t_{sup} 和 t_{sub} 对系统的影响包括两个方面：一是影响制热量和制冷量，二是影响换热温差。但过热段和过冷段的热量相对于两相区几乎可以忽略，因此本节主要考虑第二个方面。由于 t_{sup}、t_{sub} 和 Δt_1、Δt_2 共同影响着换热器内的传热温差，所以可以通过固定 t_{sup}、t_{sub}，变化 Δt_1、Δt_2 的方法来实现内部工况的变化。至此，只剩下 4 个独立变量，若指定 M_e、M_c，便可以很容易地通过二维搜索找到该条件下的最优工况以及两器面积。本节在一定范围内改变 M_e、M_c，在各个流量下分别进行搜索，由此研究水流量对 F 的影响，并优化水流量。

4.1.3　参数优化结果及分析

在水-水中高温热泵系统中，热负荷 $Q = 418$ kW，蒸发器入口水温为 50 ℃，冷凝器入口水温为 75 ℃，采用套管式换热器。设年运行时间为 h（单位为 h），系统寿命为 n（单位为 a），输入电能价格，设 A 和 L 分别为换热器的总换热面积和管长。

4.1.3.1　两器过热度和过冷度

在不同的 t_{sup}、t_{sub} 和 $M_c = 10.0$ kg/s，$M_e = 16.1$ kg/s 时，分别搜索最佳工况，结果如图 4.2 所示。由图 4.2 可以看出，F 随着 t_{sup} 和 t_{sub} 的减小而增大，当 t_{sup} 和 t_{sub} 达到 0～1 ℃时，F 最大。因此，对于本系统的设计，取 $t_{sup} = 1.2$ ℃，$t_{sub} = 1$ ℃。

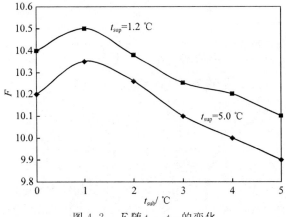

图 4.2　F 随 t_{sup}、t_{sub} 的变化

4.1.3.2　冷却水流量

在水-水热泵系统中,水流量的大小会影响换热系数、水的沿程温度分布和水泵的功率,进而影响所需换热器面积和循环效率。本节在不同的两器水流量下,分别寻找 F 最大的工况,计算结果如图 4.3 所示。

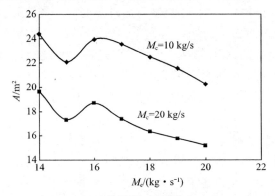

(a) A 随 M_c 和 M_e 的变化

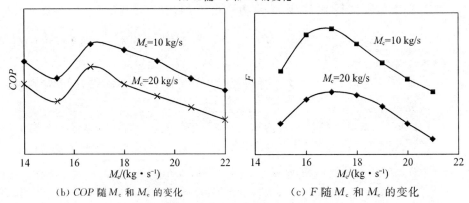

(b) COP 随 M_c 和 M_e 的变化　　　(c) F 随 M_c 和 M_e 的变化

图 4.3　A、COP、F 随 M_c 和 M_e 的变化

对于定负荷热泵系统，设计水流量的变化会引起水和工质沿程状态分布的变化，以及水泵耗功的变化，因此在各个流量下获得最佳 F 的工况是不同的。如图 4.3(a)和(b)所示，各条曲线上的前两点都是在 $\Delta t_1 = 1\ ℃$，$\Delta t_2 = 2\ ℃$ 时得到的，后面各点是在 $\Delta t_1 = 1\ ℃$，$\Delta t_2 = 1\ ℃$ 时得到的。在每个工况下，A 和 COP 均随着水流量的增大而减小，这是由于水流量的增大提高了传热系数，减小了换热面积，同时提高了水泵功率，导致 COP 随之下降。A 和 COP 有相似的变化趋势，分别对 F 的变化产生相反的影响，这两个因素作用程度的大小决定着 F 的变化趋势，如图 4.3(c)所示，在 M_c 一定的情况下，F 开始时随 M_e 的增大而增大，这是由于流量的增加明显强化了传热，减小了换热面积。当 F 达到最大值后开始减小，这是因为继续增大流量对传热影响不大，但提高了水泵功率，降低了系统效率。当 M_e 一定，变化 M_c 时，也可得到同样的结论。对本系统来说，当 $M_e = 15 \sim 17\ kg/s$，$M_c = 11 \sim 13\ kg/s$ 时，具有较好的经济性。

4.2　吸收式热泵加热系统参数优化

从热工转化的角度来看，AHP(吸收式热泵)系统的工作原理就是逆卡诺循环。该系统也是在能量转化热力学思想指导下的重要技术之一。应用热力学的一些基本方法和最优化技术手段对 AHP 系统进行分析、评价和优化，就是要确定在怎样的操作和经济条件下才能使 AHP 系统达到最优的运行工况。本节以特定的工业实际应用为背景，借助现代不可逆热力学分支——有限时间热力学以及 AHP 的经济评价模型，得出实际过程的最优目标函数，同时对 AHP 系统的能源利用率和用能经济性分析及优化进行一些尝试性的工作。对于吸收式热泵系统，在总废热量给定的前提下，当 T_M(冷凝温度)、T_L(蒸发温度)、T_H(蒸汽温度)、X_H(溶液的最高浓度)、X_L(溶液的最低液度)及 φ(换热器的换热效率)确定后，系统的状态将被确定。

4.2.1　AHP 系统优化模型的建立

4.2.1.1　有限时间热力学模型

根据有限时间热力学理论中内可逆循环的定义，考虑热源与工质间的不可逆传热，建立如图 4.4 所示的 AHP 循环。

假设三热源热泵工作于驱动热源温度 T_H、环境温度 T_L 和泵热空间温度 T_M 之间，图中 T_1、T_2、T_3 是由高到低分别与三个热源进行热量交换的系统工质

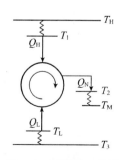

图 4.4　不可逆三热源
热泵循环模型

的操作温度,它们与三个热源的温度不同,使得传热在有限温差下进行,热泵可以有一定的泵效率。假设热源与工质间的传热遵循牛顿定律,传热系数分别为 K_L、K_M 和 K_H,并且 Q_L、Q_M、Q_H 分别为工质与驱动热源、制热空间和低温热源间的传热率,则有:

$$Q_L = K_L A_L (T_L - T_0) \qquad (4.5a)$$

$$Q_M = K_M A_M (T_1 - T_M) \qquad (4.5b)$$

$$Q_H = K_H A_H (T_H - T_2) \qquad (4.5c)$$

式中 A_H、A_M、A_L——高温热源、中温热源和低温热源侧换热器的换热面积。

工质循环是可逆的,分别用工质温度代替热源温度,则可得:

$$COP = \frac{T_1(T_2 - T_0)}{T_2(T_1 - T_0)} \qquad (4.6)$$

4.2.1.2 比供热率与目标函数

比功能率是指所研究系统的单位传热面积的功能率输出,反映了单位面积对系统功能率的贡献。由此派生出的概念包括:针对动力循环的比功率,对制冷机而言的比制冷率(SCL),对热泵和热变换器而言的比供热率(SHL)。比功能率的概念不仅是衡量热力循环或设备不可逆程度的重要指标,而且具有与初始设备投资及产出相关联的经济学意义。因此,比功能率指标对操作费用低而设备初始投资高的热泵循环系统的热力学分析和优化工作具有特殊重要的意义。

三热源 AHP 的比供热率(SHL)被定义为中温产热 Q_M 与系统总传热面积之比,高温的产热量作为分子反映了系统设备的初投资,因此比供热率在一定条件下可以反映设备的投资回报,可作为设备经济性优化指标之一。同时,在优化过程中可方便地加入一些热力学约束条件,使优化工作沿制定的热力学路径进行,这样在设备投资优化的同时也保证了优化结果的热力学合理性。比供热率的函数关系式为:

$$SHL = \frac{Q_M}{\sum A} \qquad (4.7)$$

系统各部分的传热面积为:

$$A_H = \frac{Q_H}{K_H(T_H - T_2)} \qquad (4.8a)$$

$$A_M = \frac{Q_M}{K_M(T_1 - T_M)} \cdot \frac{T_1(T_2 - T_0)}{T_2(T_1 - T_0)} \qquad (4.8b)$$

$$A_L = \frac{Q_L T_0}{K_L(T_L - T_0)} \frac{T_2 - T_1}{T_2(T_1 - T_0)} \qquad (4.8c)$$

总传热面积为:

$$\sum A = A_H + A_M + A_L \qquad (4.9)$$

为了便于分析，将三热源热泵的不可逆性分为外部和内部两种。外部不可逆性来自工质与热源间的传热温差，即热阻；内部不可逆性来自工质内部的摩擦、涡流和其他不可逆效应。由于工质内部不可逆性的总效果可由循环内部的熵产来表征，故可引入参数：

$$I = \frac{\Delta S_M}{\Delta S_H + \Delta S_L} \tag{4.10}$$

式中 I——熵产；

   ΔS_H、ΔS_L——T_1、T_3 等温过程流进工质的熵流；

   ΔS_M——T_2 等温过程从工质流出的熵流。

$$\Delta S_M = \Delta S_H + \Delta S_L + \Delta S_i \tag{4.11}$$

式中 ΔS_i——循环内部各种不可逆效应引起的熵产。

由于热源热泵内部循环均不可逆（$\Delta S_i > 0$），即 $\Delta S_i > \Delta S_H + \Delta S_L$，以致 $I > 1$。而当循环为内可逆时，$I = 1$。可见，本节所建立的不可逆三热源热泵循环模型也包括了内可逆循环模型。

根据热力学第一及第二定律有：

$$Q_H + Q_M + Q_L = 0 \tag{4.12a}$$

$$\frac{Q_M}{T_2} - \frac{Q_H}{T_2} - \frac{Q_L}{T_3} \geq 0 \tag{4.12b}$$

$$\frac{Q_M}{T_2} - I\left(\frac{Q_H}{T_2} - \frac{Q_L}{T_3}\right) = 0 \tag{4.12c}$$

三热源热泵的性能系数为：

$$COP = \frac{Q_M}{Q_H} = \frac{IT_2(T_1 - T_3)T_2}{T_1(IT_2 - T_3)} \tag{4.13}$$

热泵的泵效率为：

$$\Pi = \frac{Q_M}{A} = K_M\left[\frac{1}{T_2 - T_M} + \frac{b_1 COP^{-1}}{T_H - T_1} + \frac{b_2(1 - COP^{-1})}{T_L - T_3}\right]^{-1} \tag{4.14}$$

其中：

$$b_1 = \frac{K_M}{K_H}, \quad b_2 = \frac{K_M}{K_L}$$

4.2.1.3 最大比供热率与操作状态

优化目标函数与约束条件为：

$$\text{s. t.} \begin{cases} \max \Pi = \dfrac{Q_M}{A} = K_M\left[\dfrac{1}{T_2 - T_M} + \dfrac{b_1 COP^{-1}}{T_H - T_1} + \dfrac{b_2(1 - COP^{-1})}{T_L - T_3}\right]^{-1} & (4.15) \\[3mm] COP = \dfrac{IT_2(T_1 - T_3)T_2}{T_1(IT_2 - T_3)} & (4.16) \\[3mm] K_H, K_M, K_L > 0 \\[1mm] T_H \geq T_1 \geq T_2 \geq T_M \geq T_L \geq T_3 \end{cases}$$

该优化问题是一个等式约束的非线性规划问题，其数学意义是：在由一

定 COP 的约束函数确定的由 T_1、T_2、T_3 组成的操作条件数值域内,通过数学优化方法解得目标函数最大值,同时确定最大值对应的极值点。其物理意义为:在 COP 一定的情况下,即在保证热回收任务的前提下,通过数学操作条件使系统达到单位传热面积的高温热产出率的最佳值,也可以理解为确定最佳设备投资收益所对应的操作条件。

4.2.1.4 优化方法

(1)直接搜索法。

使用该方法进行优化计算时,每迭代一次都要做一次全流程的模拟计算,属于可行路径法。即使对于计算决策变量很少的优化问题,采用这种方法也要做很多次的全流程模拟计算,效率比较低,目前已经很少采用。

(2)拉格朗日函数型优化方法。

该方法被广泛用于处理有约束的非线性规划问题,但随着问题维数的增多,其数学函数变得复杂、条件变坏、收敛困难。因此,该方法较少用于解决大系统参数优化问题。罚函数法适用范围较广,使用起来很方便,但它的缺点是当罚因子不断减少时,罚函数越来越呈现病态,使得求无约束极小值变得很困难。为此,人们提出了许多改进的办法,比如引进无参数罚函数、采用外插技术以加速收敛、构造精确罚函数等,其中最有效的是增广拉格朗日乘子法,它在收敛速度和数值稳定性方面均优于罚函数法。其做法是将拉格朗日乘子引入罚函数法的惩罚项中,或者说将惩罚项引入拉格朗日函数中,以试图通过调节拉格朗日乘子避免罚函数法中出现的病态现象。

增广拉格朗日乘子法的基本解题思想是将目标函数和约束函数按一定方法构成一个无约束的新目标函数,于是就把原来的有约束极小化问题转化为无约束极小化问题。可以利用增广拉格朗日乘子法将数学表达式构造成一个新目标函数。

(3)列线性逼近法(SLP)。

该方法的适应性强,能处理较大规模的优化问题,但收敛速度较慢。

本节考虑到 AHP 系统参数优化问题维数较少,而且属于约定约束非线性优化问题,因此选定拉格朗日乘子法。这种方法对于小系统参数优化问题是一种简单、实用的好方法。

4.2.1.5 优化求解

对于等式约束的非线性优化问题,可以采用拉格朗日乘子法进行求解。

为便于计算,令:

$$x = \frac{T_3}{T_1}, \quad y = \frac{T_3}{IT_2}, \quad z = T_3$$

$$COP = \frac{1-x}{1-y}$$

$$\varPi = \frac{Q_{\mathrm{M}}}{A} = K_{\mathrm{M}} \left[\frac{Iy}{z - I_y T_{\mathrm{M}}} + b_1 \left(\frac{1-y}{1-x} \right) \frac{x}{T_{\mathrm{H}} - z} + b_2 \left(\frac{x-y}{1-x} \right) \frac{1}{z - T_{\mathrm{L}}} \right]^{-1}$$

利用求极值的拉格朗日乘子法,构造拉格朗日函数 $f = COP + \lambda \varPi$,对描述的数学优化问题进行理论推导,则由欧拉-拉格朗日方程:

$$\frac{\partial f}{\partial x} = 0, \quad \frac{\partial f}{\partial y} = 0, \quad \frac{\partial f}{\partial z} = 0$$

可以得到一定 COP 条件下,最大比供热率与系统操作状态之间的解析关系,即优化结果为:

$$T_1 = \frac{\sqrt{Ib_1^{-1}} \, T_{\mathrm{H}} T_{\mathrm{L}} + I \sqrt{\dfrac{b_2}{b_1}} (1 - COP^{-1}) T_{\mathrm{H}} T_{\mathrm{M}} + ICOP^{-1} T_{\mathrm{M}} T_{\mathrm{L}}}{(1 + \sqrt{Ib_1^{-1}}) T_{\mathrm{L}} + \left(\sqrt{\dfrac{b_2}{b_1}} - 1 \right)(1 - COP^{-1}) I T_{\mathrm{M}}}$$

$$(4.17\mathrm{a})$$

$$T_2 = \frac{\sqrt{Ib_1^{-1}} \, T_{\mathrm{H}} T_{\mathrm{L}} + \sqrt{\dfrac{b_2}{b_1}} (1 - COP^{-1}) T_{\mathrm{H}} T_{\mathrm{M}} + COP^{-1} T_{\mathrm{H}} T_{\mathrm{M}}}{(1 + \sqrt{Ib_1^{-1}}) T_{\mathrm{L}} + \left(\sqrt{Ib_1^{-1}} + \sqrt{\dfrac{b_2}{b_1}} \right)(1 - COP^{-1}) T_{\mathrm{H}}}$$

$$(4.17\mathrm{b})$$

$$T_3 = \frac{\sqrt{Ib_1^{-1}} \, T_{\mathrm{H}} T_{\mathrm{L}} + I \sqrt{\dfrac{b_2}{b_1}} (1 - COP^{-1}) T_{\mathrm{H}} T_{\mathrm{M}} + ICOP^{-1} T_{\mathrm{M}} T_{\mathrm{L}}}{\left(\sqrt{Ib_1^{-1}} + \sqrt{\dfrac{b_2}{b_1}} \right) T_{\mathrm{H}} + \left(1 - \sqrt{\dfrac{b_2}{b_1}} \right) ICOP^{-1} T_{\mathrm{M}}}$$

$$(4.17\mathrm{c})$$

在 COP 一定时,最大的 $\varPi$ 函数值对应于体系的最佳操作状态。对于有限热容热源的情况,热源温度取其平均温度,操作温度也相应具有平均意义,通过 COP 即可获得热泵最佳的性能系数。不可逆三热源热泵的最佳性能系数 COP 与泵热率 $\varPi$ 之间的基本优化关系式为:

$$\varPi = K \frac{T_{\mathrm{H}}(IT_{\mathrm{M}} - T_{\mathrm{L}})(COP_1 - COP)}{T_{\mathrm{L}} + B^2(COP - 1)T_{\mathrm{H}} + (B-1)^2(COP^{-1} - 1)IT_{\mathrm{M}}} \quad (4.18)$$

其中:

$$K = \frac{K_{\mathrm{M}}}{(\sqrt{I} + \sqrt{b_1})^2}$$

$$B = \frac{(\sqrt{I} + \sqrt{b_2})}{(\sqrt{I} + \sqrt{b_1})}$$

$$COP_1 = \frac{(T_{\mathrm{H}} - T_{\mathrm{L}}) T_{\mathrm{M}}}{T_{\mathrm{H}}(IT_{\mathrm{M}} - T_{\mathrm{L}})}$$

4.2.1.6　最大比供热率与性能系数

前面所述优化结果中,操作状态是 COP 的函数,根据操作参数的优化结果可以得到比供热率关于 COP 的显函数。假设三个热源与工质间的传热系数相同，即 $K_H = K_M = K_L$，且为可逆过程，$I = 1$，则有：

$$T_1 = \frac{COP\,T_H T_L + (COP - 1)T_H T_M + T_M T_L}{2T_L COP} \qquad (4.19a)$$

$$T_2 = \frac{COP\,T_H T_L + (COP - 1)T_H T_M + T_M T_L}{2T_L COP + 2(COP - 1)T_H} \qquad (4.19b)$$

$$T_3 = \frac{COP\,T_H T_L + (COP - 1)T_H T_M + T_M T_L}{2T_H COP} \qquad (4.19c)$$

其中：

$$K = \frac{K_M}{4}, \quad B = 1$$

$$COP_1 = \frac{(T_H - T_L)T_M}{(T_M - T_L)T_H}$$

$$\max \varPi = \frac{K_M}{4} \frac{(T_H - T_L)T_M - COP(T_M - T_L)T_H}{T_L + (COP - 1)T_H}$$

式(4.19)即内可逆三热源热泵最佳比供热率与性能系数的基本优化关系式。通过分析可知，比供热率极值与 COP 呈抛物线关系，即存在比供热率的最大值，最大值点处的比供热率对 COP 的偏导数为零。对 COP 求偏导数，有：

$$COP = \frac{T_H T_M - T_L^2}{2T_H(T_M - T_L)} \qquad (4.20)$$

此即达到最大比供热率所对应的 COP 值，说明在该 COP 值下可以得到最大的设备投资回报。但在实际工程中，优化和设计问题需要同时兼顾经济性和能源利用的合理性，而二者通常无法达到同时最优。针对此类问题的多目标规划尚处在理论研究阶段，通常的做法是在其他因素一定的情况下优化某一个因素，得到优化关系后再进行其他因素的分析。比供热率的优化过程也是本着这一个原则进行的，即先考虑 COP 一定的情况下比供热率随操作参数的变化，得到比供热率最大值和最佳的操作工况，然后分析 COP 的变化对比供热率最大值的影响，从而达到优化的目的。比供热率作为一个体现过程经济性的指标，辅之以 COP 等热力学指标，可以达到比单一热力学指标更好的优化效果。通过比供热率分析，还可以得到一些经典热力学无法得到的结论，对实践有更全面的指导意义。

4.2.2　运行参数优化分析

根据单元设备传热计算工作所确定的各主要设备的传热特性，按照有限时间热力学理论建立 AHP 吸收循环内可逆模型，以比供热率为目标函数，对吸收循环系统的经济性进行优化。收敛条件为：COP 和可用能等热力学指标合理，比供热率及系统经济性指标达到最大值，模拟过程的参数值与有限时间热力学的参数优化结果一致。优化过程如图 4.5 所示。

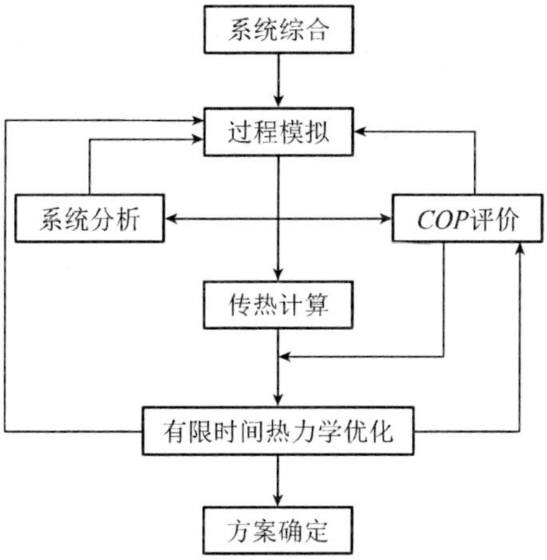

图 4.5　AHP 系统模拟优化

4.2.2.1　已知参数

以孤东油田某联合站为例,采用直燃式吸收式热泵技术,利用分离后的采出水加热"两段"脱水前进入沉降罐和电脱水器前的油水混合物。联合站的主要工艺参数见表 4.1,热泵相应的参数范围取值见表 4.2。

表 4.1　孤东油田某联合站生产及能耗数据

项　目	参　数	项　目	参　数
进液量/(m³·d⁻¹)	43 859.0	进站温度/℃	52.0
综合含水率/%	94.1	沉降温度/℃	57.5
进油量/(t·d⁻¹)	2 561.1	电脱水温度/℃	75.0
外输油量/(t·d⁻¹)	2 574.2	外输温度/℃	72.7
外输油含水率/%	0.79	进站压力/MPa	0.5
原料油含水率/%	15.9	出站压力/MPa	0.28
净化油含水率/%	1.10	环境温度/℃	20.0
耗油量/(t·d⁻¹)	32.65	脱水耗电/(kW·h·d⁻¹)	3 836.3
耗气量/(m³·d⁻¹)	1 430	输油耗电/(kW·h·d⁻¹)	1 764.6
耗水量/(m³·d⁻¹)	142.2	风机耗电/(kW·h·d⁻¹)	552.4

表 4.2　第一类吸收式热泵相关数据

项　目	数　值
原油加热热负荷 Q	5 000 kW
余热水平均温度 T_1	55 ℃
余热水温度波动范围 ΔT_1	±5 ℃

项　目	数　值
余热水正常压力 p_1	0.5 MPa
余热水压力变化范围 Δp_1	±0.1 MPa
余热水流量	180 m³/h
循环冷却水进、出口温度	75/90 ℃
循环冷却水流量	267 m³/h
循环放气范围	0.02~0.06

实际吸收循环为立式降膜过程,三个热源分别在各主要设备的管内呈稳态流动,温度沿管长逐渐变化,按照有限热源情况来处理,热源温度取进出口温度的平均值;同样,吸收器和发生器中的 LiBr 溶液工质对温度的影响也类似,在进行热力学参数分析时,相应地采用设备内的平均温度分别代替吸收和发生温度。

4.2.2.2　优化结果

对联合站参数进行了模拟研究,泵流量、各换热设备热负荷以及各流股的参数值见表 4.3、表 4.4。

表 4.3　吸收式热泵设计计算数据表

名　称	节　点	温度/℃	质量分数/%	压力/kPa	比焓/(kJ·kg⁻¹)
蒸发器出口处冷剂蒸汽	1	48.0		11.022	3 006.62
吸收器出口处稀溶液	2	87.2	0.561	10.962	372.05
冷凝器出口处冷剂水	3	95.0		83.297	816.60
冷凝器进口处水蒸气	3′	146.2		83.297	3 167.34
发生器出口处浓溶液	4	152.0	0.606	10.962	488.17
发生器进口处饱和稀溶液	5	140.4	0.561	10.962	479.55
吸收器进口处饱和浓溶液	6	96.2	0.606	10.962	382.02
热交换器出口处稀溶液 a	7	130.6	0.561		459.76
热交换器出口处浓溶液 b	8	102.2	0.606		393.42
吸收器喷淋溶液 c	9′	92.0	0.574		378.32

表 4.4　模拟计算结果

项　目	数　值
燃气热泵制热系数 COP	1.448
热泵泵热率 SHL	6 708.1
㶲效率 η_e	46.0%

续表

项　目	数　值
燃气发生器效率 η_g	84.0%
原油热交换器传热面积 F_o	803.1 m²
采出水热交换器传热面积 F_w	249.7 m²
热泵总传热面积 F	738.0 m²
发生器燃气消耗量 NG	291.95 m³/h
发生器热负荷 Q_g	2 886.1 kW
冷凝器热负荷 Q_k	2 215.9 kW
蒸发器热负荷 Q_e	2 064.4 kW
吸收器热负荷 Q_a	2 734.6 kW

　　根据现场提供的低温热源情况,利用前面提供的分析方法,对所设计的 AHP 回收余热采出水废热方案进行热力学分析,在不同的操作条件下(低浓度(质量分数)值不变,即 $x_p = 50\%$),考察系统的热力学效率 COP、㶲效率和可用能指数以及燃气耗量等热力学指标,结果如图 4.7~图 4.10 所示。结果表明,降低蒸发温差、提高余热水温度以及增加浓度差等操作条件的改变对改善热力学性能有积极意义。

　　循环放气范围即 LiBr 溶液的质量分数差对整个机组的性能影响很大。在同样的条件下,随着质量分数差的增大,机组的制热系数 COP 增加,燃气耗量减少,㶲效率减小。制热系数随着余热水状态的变化而发生变化。图 4.6 显示当余热水温度增加时,COP 相应增加,且余热水入口温度越高,COP 增加的幅度越大。

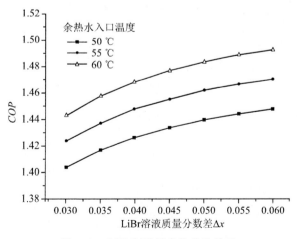

图 4.6　COP 与质量分数差的关系

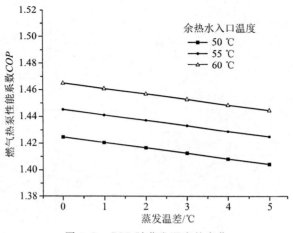

图 4.7　COP 随蒸发温度的变化

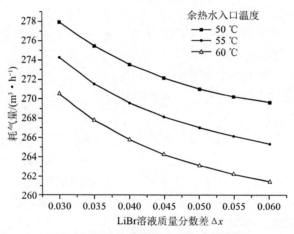

图 4.8　耗气量随循环放气范围的变化

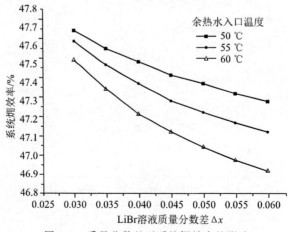

图 4.9　质量分数差对系统㶲效率的影响

利用过程模拟确定了系统热源的进出口温度,由此整个系统热源状况即可确定,再利用设备的传热过程分析确定各设备的总传热系数,然后即可以根据比供热率最大的原则和相应的理论方法对过程进行 COP 和操作参数优化。

根据三热源的内可逆吸收循环模型和目标函数,不能片面地追求高热力学指标,必须将热力学的合理性与经济可行性统一起来进行考虑,才能得到正确的设计规划决策。热泵的 COP 取 1.40~1.52 是合理的,可根据实际任务中对热力学和经济学的侧重对其进行适当调整。

操作温度可以认为是循环中工质的实际温度。在 COP 一定的情况下,由三个操作温度组成的系统操作状态是一个空间的平面,该平面由 SHL 确定。在此平面内,冷凝器温度 T_0 被蒸发器和发生器温度 T_1、吸收器温度 T_2 唯一确定,所以比供热率 SHL 优化目标函数与 T_1、T_2 直接相关。模拟与优化指标的对比见表 4.5。

表 4.5　模拟与优化指标对比

项　　目	模拟结果	优化结果
COP	1.480	1.460
SHL	5 793.0	5 959.4
蒸发温度/℃	52	48
吸收温度/℃	96.0	96.2
发生温度/℃	160	169

通过表 4.5 所示的数据对比,采用有限时间热力学模型对冷凝温度和蒸发器温度这两个重要的操作参数进行优化,COP 为 1.460,落在 1.45~1.48 的合理区间内,比较好地兼顾了热力学指标和经济可行性。同时,SHL 这个优化目标函数也有明显提高。而 AHP 系统循环热水出口温度值有所提高,证明优化模型是可行和有效的。

4.3　低温余热驱动吸收式热泵工艺优化

用于原油加热的新型吸收式热泵系统由 3 个分系统组成:采出水-水换热系统、新型吸收式热泵系统和油-水换热系统。为了对油田采出水的余热进行深度利用,前述高温热泵利用后的采出水温度一般小于 40 ℃,经过采出水-清水换热器后,进热泵清水温度一般低于 35 ℃。若利用上述传统的高温压缩式热泵或吸收式热泵产生高温热水加热原油,则其 COP 将大打折扣。需要对上述热泵工艺进行优化设计,即对采出水余热进行深度利用,同时使 COP 不至于太小。

4.3.1 新型吸收式热泵系统

图 4.11 所示的新型吸收式热泵系统由蒸发器、吸收-蒸发器、第二吸收器、发生器、冷凝器、节流阀、第二节流阀、第二溶液泵、第二溶液热交换器和吸收器、溶液泵、溶液热交换器组成。其工艺流程如下：

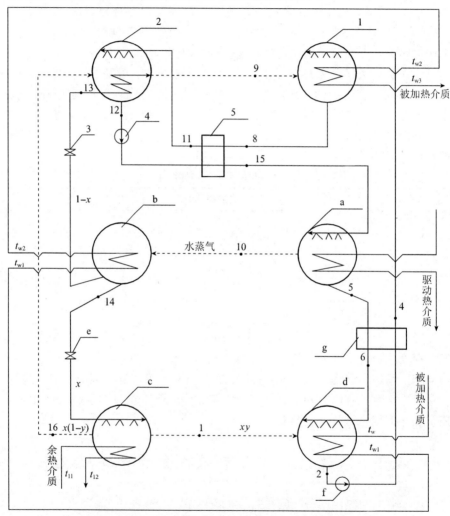

图 4.10　用于加热原油的新型吸收式热泵系统示意图

a—发生器；b—冷凝器；c—蒸发器；d—吸收器；e—节流阀；f—溶液泵；g—热交换器；

x——一次蒸汽量分配比例；y——二次蒸汽量分配比例；

1~16—工质在热力循环过程中的各个节点

4.3.1.1　溶液流程

从吸收器（d）出来的稀溶液经溶液泵（f）、溶液热交换器（g）进入第二吸收器(1)中吸收来自吸收-蒸发器(2)的冷剂蒸汽后溶液浓度降低。浓度降低后的溶液经第二溶液热交换器(5)进入吸收-蒸发器(2)中吸收来自冷凝器(b)的冷剂蒸汽后,溶液浓度进一步降低。浓度进一步降低后的溶液经第二溶液泵(4)、第二溶液热交换器(5)直接进入发生器(a),被外部驱动热加热释放出冷剂蒸汽后变成浓溶液。此浓溶液经溶液热交换器(g)后进入吸收器(d),在吸收器中吸收来自蒸发器(c)的冷剂蒸汽后变成稀溶液,完成溶液循环流程。

4.3.1.2　冷剂介质流程

从发生器(a)出来的冷剂蒸汽进入冷凝器(b)后放热于被加热介质后分成两部分:一部分冷剂液经节流阀(e)进入蒸发器(c)吸收余热后成为冷剂蒸汽后分成两部分[一部分冷剂蒸汽进入吸收器(d)中被浓溶液吸收,另一部分冷剂蒸汽直接进入吸收-蒸发器(2)中被溶液吸收];从冷凝器(b)出来的另一部分冷剂液经第二节流阀(3)进入吸收-蒸发器(2)吸热后成为冷剂蒸汽进入第二吸收器(1)被溶液吸收并放热于被加热介质,完成冷剂介质循环。

已知参数:被加热介质进、出口温度为 60 ℃、90 ℃,余热介质进、出口温度为 31 ℃、27 ℃,原油进、出口参数为 50 ℃、80 ℃,制热量为 3 600 kW。

4.3.2　吸收式热泵机组优化计算结果

新型溴化锂吸收式热泵机组的蒸发器出口余热水、被加热介质进出口温度、机组放气范围、流量分配比 x 和 y、冷凝温度见表 4.6。

表 4.6　新型吸收式热泵机组各状态点参数

状态点号	名　称	温度/℃	压力/kPa	质量分数/%	比焓/(kJ·kg⁻¹)
6	吸收器入口浓溶液	90.2	—	67.57	379.146
2	吸收器出口稀溶液	75.2	—	64.07	344.872
15	发生器入口稀溶液	74.6	—	50.82	365.061
10	发生器出口浓溶液	162.3	—	67.57	503.416
5	发生器出口冷剂蒸汽	87.5	0.062 8	—	3 074.200
1	蒸发器出口冷剂蒸汽一	25.0	0.003 1	—	2 965.500
16	蒸发器出口冷剂蒸汽二	25.0	0.003 1	—	2 965.500
14	冷凝器出口冷剂液	87.5	—	—	785.152
9	第二吸收器入口冷剂蒸汽	43.8	0.009 0	—	2 999.300
8	第二吸收器出口溶液	95.0	—	62.07	379.288
4	第二吸收器入口溶液	126.9	—	64.07	438.345
11	吸收-蒸发器入口溶液	63.8	—	—	321.663
12	吸收-蒸发器出口溶液	48.8	—	50.82	310.010
13	吸收-蒸发器入口冷剂液	43.8	—	—	785.152

状态点号	名　称	温度/℃	压力/kPa	质量分数/%	比焓/(kJ·kg⁻¹)
a	循环倍率 a	4.035			
x	流量分配比 x	0.763 6			
y	流量分配比 y	0.764 0			

4.3.3　新型热泵机组性能影响因素分析

余热介质进出新型溴化锂吸收式热泵的蒸发器的温度分别为 31 ℃和 27 ℃，被加热介质初温为 60 ℃，终温为 90 ℃。新型溴化锂吸收式热泵机组的性能指数随相关参数变化曲线的分析如下。

4.3.3.1　COP 随蒸发器出口余热水温度的变化

余热水出口温度对机组性能的影响如图 4.11 所示。由图 4.11 可以看出，在一定范围内，机组性能系数随着蒸发器出口余热水温度的升高而降低，蒸发器出口余热水温度越高，机组的性能系数降低得越快。当蒸发器出口余热水温度升高时，蒸发压力升高，吸收能力升高，吸收终了时稀溶液的浓度降低，放气范围变大，导致机组性能系数降低。

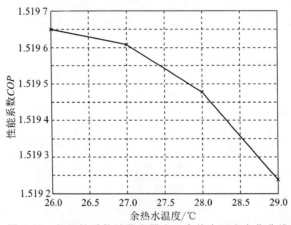

图 4.11　机组性系数随蒸发器出口余热水温度变化曲线

4.3.3.2　机组性能随被加热介质进口温度的变化

被加热介质进口温度对机组性能系数的影响如图 4.12 所示。由图 4.12 可以看出，在一定范围内，当被加热介质进口温度升高时，机组性能系数随之升高。当被加热介质初温升高时，吸收器出口稀溶液温度升高，稀溶液的浓度也随之升高，将使循环的放气范围减小，循环倍率升高，又因为

$$COP = \frac{q_a + q_k + q_1}{q_g}$$

故热泵机组的性能系数升高。

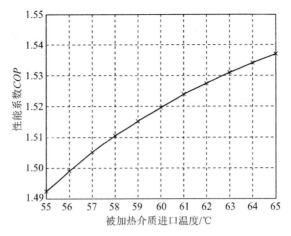

图 4.12　机组性能系数随被加热介质进口温度变化曲线

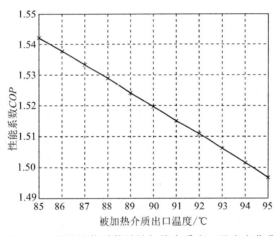

图4.13　机组性能系数随被加热介质出口温度变化曲线

4.3.3.3 *COP* 随被加热介质出口温度的变化

被加热介质出口温度对机组性能系数的影响如图 4.13 所示。由图 4.13 可以看出,在一定范围内,机组性能系数随被加热介质出口温度的升高而降低,被加热介质出口温度每升高1 ℃,机组的性能系数约降低 0.005。这是因为当被加热介质出口温度升高时,冷凝压力会增加,冷凝器出口的被加热介质温度也会升高,使冷凝器的热负荷变小,所以机组的性能系数下降。

4.3.3.4 *COP* 随放气范围的变化

机组性能系数随放气范围变化的曲线如图 4.14 所示。由图 4.14 可以看出,机组性能系数随放气范围的增大而升高。放气范围越大,吸收器出口稀溶液的浓度越小,使得单位质量流量的溶液可以吸收更多的来自蒸发器的冷剂蒸汽,可以利用更多的余热,因此当放气范围增大时,机组的性能指数也会升高。随着放气范围的增大，机组性能指数 COP 增加的速度越来越慢。当溶液浓度太高时，就会有结晶的危险，容易造成管道堵塞，导致机组不能正常运行。由此可见，在热泵的设计中，应该以溶液不发生结晶为前提，尽量取较大的放气范围。

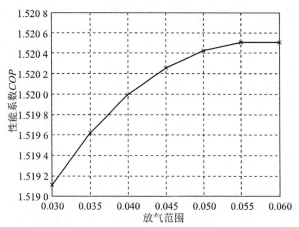

图 4.14　机组性能随放气范围变化曲线

4.3.3.5　COP 随流量分配比 x 的变化

流量分配比 x 对机组性能指数的影响如图 4.15 所示。如图 4.15 可以看出，当流量分配比 x 升高时，机组性能系数随之降低。流量分配比 x 的增大意味着更少的循环水从吸收-蒸发器中吸热，进而使放热于第二吸收器的热量变少，使第二吸收器负荷变小，导致机组性能指数下降。

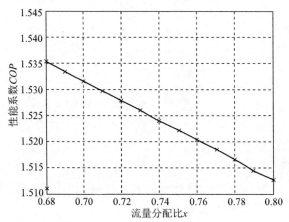

图 4.15　机组性能随流量分配比 x 变化曲线

4.3.3.6　COP 随流量分配比 y 的变化

机组性能系数随流量分配比 y 的变化曲线如图 4.16 所示。由图 4.16 可以看出，当流量分配比 y 升高时，机组性能系数随之升高。流量分配比 y 的增大意味着更多的冷剂蒸汽进入吸收器,同时会使吸收器和第二吸收器内的负荷增大,因此机组性能系数升高。

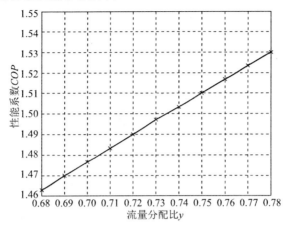

图 4.16　机组性能系数随流量分配比 y 变化曲线

4.3.3.7　*COP* 随冷凝温度的变化

机组性能系数随冷凝温度变化的曲线如图 4.17 所示。由图 4.17 可以看出,机组性能系数随冷凝温度的升高而降低,当冷凝温度每升高 1 ℃ 时,机组的 *COP* 降低 0.003。当冷凝温度升高时,冷凝压力会随之增大,另外当发生器出口溶液浓度相同时,溶液温度升高,焓值也会随之增加,因此发生器的热负荷会增加,机组性能系数降低。

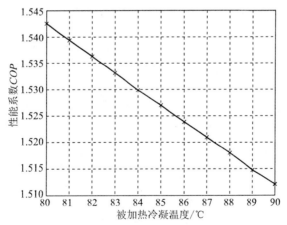

图 4.17　机组性能系数随冷凝温度变化曲线

4.3.3.8　*COP* 随溶液循环倍率的变化

机组性能系数随溶液循环倍率 a 变化的曲线如图 4.18 所示。由图 4.18 可以看出,机组性能系数随溶液循环倍率 a 的增大而降低。循环倍率 a 越大,表示发生器中每产生 1 kg 水蒸气所需要的溴化锂稀溶液的循环量就越大,这时溶液的浓度差会减小,产生的冷剂蒸汽量会减少,另外进入吸收器的浓溶液量增大,吸收温度升高,影响吸收效果,因此机组的性能系数会下降。

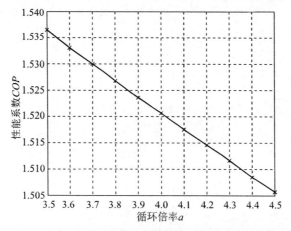

图 4.18 机组性能系数随溶液循环倍率 a 变化曲线

第 5 章　油田某联合站余热利用实例

5.1　技术方案

5.1.1　联合站工艺流程

该联合站有两套独立的系统,分别为稠油处理系统和稀油配送中转系统。

(1)稠油处理系统。

进液量 9 500 m³/d,温度 50 ℃,经三相分离器分离后,低含水油采用"预热＋一级热化学沉降"处理工艺,进入大罐沉降脱水后外输;分离后的采出水水质为五级,经缓冲罐缓冲后输送回灌。

(2)稀油配送中转系统。

稀油在交接计量站内计量、增压、加热后,稀油流量为 600～800 m³/d,稀油进站温度为 45 ℃,出站温度为 80 ℃。

5.1.2　联合站用热需求

该联合站内用热点有三处,分别为稠油来液预热、稀油加热、站内 3 600 m² 办公用房冬季采暖,年需热量 11.7×10⁴ GJ,年耗天然气 458.0×10⁴ m³。改造前稠油来液预热采用 3 台燃气加热炉,稀油加热采用 2 台燃气加热炉,站内办公用房冬季采暖采用 2 台蒸汽锅炉。改造前的加热设备统计见表 5.1。

表 5.1　改造前加热设备统计表

序　号	用热点	设备名称	规格参数	数量/台
1	稠油来液预热	燃气加热炉	2 000 kW	3
2	稀油加热	燃气加热炉	800 kW	2
3	冬季采暖	蒸汽锅炉	2 t/h	2

5.1.3　联合站资源情况

(1)采出水资源。

联合站采出水温度冬季为 56 ℃左右,夏季为 61 ℃左右,流量为 8 000

m^3/d,水温及水量比较稳定;按照 10 ℃ 温差测算,每年总余热能力 12.2×10^4 GJ,能够满足项目用热需求。

采出水水质:采出水氯离子质量浓度为 4 329.86 mg/L,矿化度为 7 890.03 mg/L,含油量为 162.30 mg/L,粒径中值为 7.785 μm,水质为五级,腐蚀性、结垢性较强,水质较差。采出水水质情况统计见表 5.2。

表 5.2 采出水水质情况统计表

水 型	pH	Ca^{2+} /$(mg \cdot L^{-1})$	Mg^{2+} /$(mg \cdot L^{-1})$	Cl^- /$(mg \cdot L^{-1})$
$CaCl_2$	8.3	294.35	66.98	4 329.86
矿化度 /$(mg \cdot L^{-1})$	含油量 /$(mg \cdot L^{-1})$	粒径中值 /μm	SRB /$(个 \cdot mL^{-1})$	腐蚀速度 /$(mm \cdot a^{-1})$
7 890.03	162.30	7.785	2.5×10^3	0.023 1

(2)天然气资源。

联合站内无伴生气,站内用气均来自外购。

5.1.4 平面布局

(1)取水点。

项目取水点选择在水处理流程后,位于缓冲罐南侧,总取水量为 8 000 m^3/d,水温 60 ℃,用完后回水温度 52 ℃。

(2)站房选址及管线布置。

考虑防火间距及可利用闲置场地情况,余热站房选址位于原油罐区以西 40 m 的空闲场地处,距离取水点 60 m。原油管线自原加热炉位置引至余热站换热区。

(3)站房平面布置。

余热站房建筑面积 468 m^2(长 36 m,宽 13 m),主要包括配电室、值班室和热泵机房,其中热泵机房分为热泵区、泵区和补水区。

5.1.5 余热利用工艺流程

项目采用"一次换热器+热泵机组+二次换热器"三级提温,以实现余热资源利用最大化。供热温度 90 ℃,能够满足稠油 85 ℃、稀油 80 ℃ 的加热要求。供热能力 4.2 MW,年可供热量 13.2×10^4 GJ。余热利用工艺流程如图 5.1 所示。

5.1.6 光伏发电工艺流程

在利用余热资源的同时,考虑到项目耗电量大,于 2017 年利用站内闲置屋顶资源实施了光伏发电项目,装置容量 0.78 MW,年发电量 87×10^4 kW·h,就

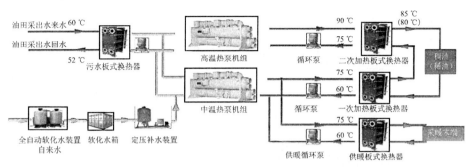

图 5.1　余热利用工艺流程图

地消纳、余电上网，实现"余热＋光伏发电"多能互补。光伏发电工艺流程如图 5.2 所示。

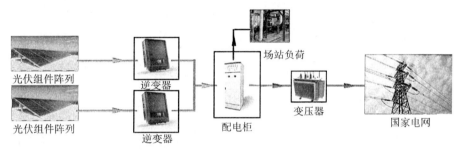

图 5.2　光伏发电工艺流程图

5.1.7　总体工艺流程

通过一期、二期建设，最终形成"余热＋电能＋太阳能"多能互补模式。总体工艺流程如图 5.3 所示。

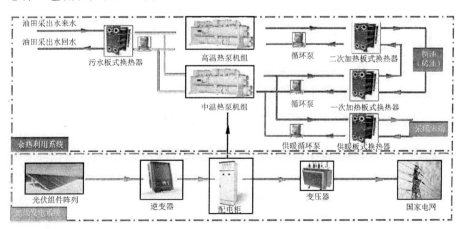

图 5.3　总体工艺流程图

5.1.8　设备选型

项目核心设备主要包括宽流道板式换热器、离心压缩式热泵机组和光伏组件等,设备的选型决定了项目的运行效果。宽流道板式换热器如图 5.4 所示,离心压缩式热泵机组如图 5.5 所示,光伏组件如图 5.6 所示。

图 5.4　宽流道板式换热器　　　图 5.5　离心压缩式热泵机组

(1) 换热器。

根据已实施项目运行经验及现场调研情况,对换热器的特点进行总结。现场应用的换热器主要包括板式换热器、螺旋板式换热器和管壳式换热器。

图 5.6　光伏组件

板式换热器:水-水换热总传热系数为 3 000～5 000 W/(m² · ℃),油-水换热总传热系数为 400 W/(m² · ℃);特点是传热系数高,设备占地小,具备扩容能力。

螺旋板式换热器:水-水换热总传热系数为 1 700～2 800 W/(m² · ℃),油-水换热总传热系数为 70～80 W/(m² · ℃);特点是被加热介质通道较宽,压损较小,耐堵性较好,易腐蚀、穿孔。

管壳式换热器:水-水换热总传热系数为 800～1 000 W/(m² · ℃),油-水换热总传热系数为 30～50 W/(m² · ℃);特点是检维修简单,管束可更换,热效率最低,占地面积最大。

考虑换热器换热效率、耐腐蚀、维修方便、占地面积等因素,结合已运行项目经验,经过多方面研究论证,项目采用宽流道板式换热器,流道宽度为 10 mm,是普通板式换热器的 2.5 倍,有效减少了堵塞,延长了清洗维护周期,并且设置在线自动反冲洗装置,提高了运行可靠性。

项目共有板式换热器 12 台,其中采出水-水换热器 5 台、水-原油换热器 6

台、水-水换热器 1 台。

（2）热泵机组。

热泵机组分压缩式热泵和吸收式热泵两类。压缩式热泵以电能驱动，按压缩机类型分为离心式热泵和螺杆式热泵；吸收式热泵包括燃气吸收式热泵、中低温吸收式热泵（适宜大量中低温热能制取极少量高温热能）。

离心式热泵单机最大容量为 30 MW，最高制取温度为 90 ℃，COP 为 4.0～7.0。螺杆式热泵单机最大容量为 3 MW，最高制取温度为 90 ℃，COP 为 3.0～4.5。燃气吸收式热泵以天然气为驱动热源，最高制取温度为 105 ℃，COP 为 1.6～1.8。中低温吸收式热泵以中低温热能为驱动热源，最高制取温度为 150 ℃，COP 为 0.4～0.5。

鉴于联合站没有伴生气，采用外购燃气，价格为 2.64 元/m³，是电能价格的 3.5 倍，价格较高。按照两种驱动能源热泵的能效比，选用离心压缩式热泵更为合理。项目选用热泵 6 台，其中，中温热泵 2 台，可制取 75 ℃的高温热水；高温热泵 4 台，可制取 90 ℃的高温热水。项目热泵机组统计见表 5.3。

表 5.3　项目热泵机组统计表

热泵类型	中温热泵机组	高温热泵机组
制热量/kW	900	800
总功率/kW	209	235
进水温度/℃	60	75
出水温度/℃	75	90
COP	4.3	3.4
数量/台	2	4
备　注	2 用	3 用 1 备

5.2　项目运行情况

2016 年 10 月余热利用工程建成投产，已运行 3 年多，系统累计供热 34.5×10⁴ GJ，其中余热提供热量占 70%，电能提供热量占 30%；光伏累计发电 112×10⁴ kW·h，占热泵机组年用电量的 10%。

项目投产以来，运行平稳，供热最高温度为 90 ℃，能够满足稠油 85 ℃、稀油 80 ℃的加热要求。

为了增加系统运行的可靠性，项目设置备用热泵 1 台，可通过阀门切换实现中温、高温热源备用；板式换热器系统设置在线自动冲洗装置。

项目建立了完善的运行及检维修规程,规定热泵机组每年例行维护 1 次,板式换热器每半年拆卸清洗 1 次,定期在线自动冲洗。机组备用情况如图 5.7 所示。

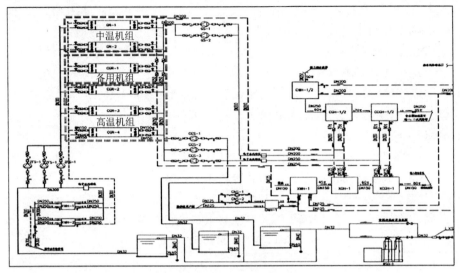

图 5.7　机组备用情况图

5.2.1　余热利用效益

项目实施前,用气量为 458.0×10^4 m^3/a,燃气价格为 2.64 元/m^3,燃料成本为 1 209.0 万元/a,另外,用电、人工、用水、维修等其他成本为 102.0 万元/a,年平均经营成本共计 1 311.0 万元。余热项目实施后,实现了燃气全部替代,年平均经营成本为 757.0 万元,年节约成本 554.0 万元,节约成本 42%。余热项目成本对比见表 5.4。

表 5.4　余热项目成本对比表

序　号	成本组成	单　位	改造前	改造后	增　量
1	经营成本	万元/a	1 311.0	757.0	−554.0
2	燃气成本	万元/a	1 209.0	0.0	−1 209.0
3	用电成本	万元/a	6.2	670.0	663.8
4	人工成本	万元/a	72.0	64.5	−7.5
5	用水成本	万元/a	5.8	6.5	0.7
6	维修成本	万元/a	18.0	16.0	−2.0

5.2.2　社会效益

（1）推动油田绿色低碳发展。

项目实施后，年替代天然气 458.0×10^4 m³，年节约标煤 5 325 t，年减排二氧化碳 13 275 t。

（2）助推油气集输工艺革命。

对联合站内的燃气加热系统进行全替代，杜绝了站内明火，消除了联合站加热系统安全环保隐患。

（3）实现资源盘活和节约成本。

通过流程再造，节约岗位用工 12 人。

参考文献

[1] 刘纪福.余热回收的原理与设计[M].哈尔滨:哈尔滨工业大学出版社,2016.

[2] 汪集暘,邱楠生,胡圣标.中国油田地热研究的进展和发展趋势[J].地学前缘,2017,24(3):1-11.

[3] 王社教,闫家泓,黎民.油田地热资源评价研究新进展[J].地质科学,2014,49(3):771-780.

[4] 高德君.重视油田地热开发利用优势 推动绿色发展[J].中国国土资源经济,2017(4):30-34.

[5] 沈起昌.稠油污水余热综合研究与应用[J].化工管理,2014(26):49.

[6] 王冰,成庆林,孙巍.热泵技术在回收油田污水余热资源中的应用[J].当代化工,2015(8):1839-1841.

[7] 郭江龙,常澍平,冯爱华,等.压缩式和吸收式热泵回收电厂循环水冷凝热经济性分析[J].汽轮机技术,2012,54(5):379-380.

[8] 张琰,刘广建,胡三高.应用吸收式热泵提高热电厂经济效能研究[J].科技广场,2012(7):106-109.

[9] 撒卫华.溴化锂第一类吸收式热泵的研究及应用[J].洁净与空调技术,2010(2):21-24.

[10] 钱颂文.换热器设计手册[M].北京:化学工业出版社,2002.

[11] 童钧耕,王平阳,苏永康.热工基础[M].2版.上海:上海交通大学出版社,2008.